蓝莓栽培图解手册

李亚东　刘海广　唐雪东　编著

U0209539

中国农业出版社

图书在版编目（CIP）数据

蓝莓栽培图解手册/李亚东，刘海广，唐雪东编著.
—北京：中国农业出版社，2014.6（2019.5重印）
ISBN 978-7-109-19166-2

Ⅰ．①蓝…　Ⅱ．①李…　②刘…　③唐…　Ⅲ．①浆果
类果树–果树园艺–图解　Ⅳ．①S663．2-64

中国版本图书馆CIP数据核字（2014）第099146号

中国农业出版社出版
（北京市朝阳区麦子店街18号楼）
（邮政编码 100125）
责任编辑　张利 郭银巧

北京中科印刷有限公司印刷　　新华书店北京发行所发行
2014年8月第1版　2019年5月北京第4次印刷

开本：880mm×1230mm　1/32　印张：5.75
字数：170千字
定价：58.00元
（凡本版图书出现印刷、装订错误，请向出版社发行部调换）

编　著　李亚东　刘海广　唐雪东

编　委　孙海悦　裴嘉博　王世军

　　　　姜大鹏　王庆贺　张　亮

　　　　高丽霞

自序

　　"蓝莓": 1997年，笔者留学美国宾夕法尼亚州立大学 (Penn. State University)，当时和正在攻读博士学位的杨伟强先生在同一个实验室从事研究工作。一次交流时，杨先生问我："在中国大陆，Blueberry叫什么？"，我回答说："越橘"。其实，当地华人都称呼Blueberry为"蓝莓"，"Blue"为蓝色，"Berry"即"莓"的意思。"蓝莓"这个名字确实比"越橘"更形象贴切，朗朗上口，但不是植物分类学的规范植物学名。在传统观的学术分类中，Blueberry是指越橘属中的一个蓝果类型，其他两类红豆越橘和蔓越橘都为红色果实。1998年回国以后，为了推动我国蓝莓产业的发展，让更多的人了解蓝莓，笔者在本科生授课讲义的基础上于2001年整理出版了《越橘（蓝莓）栽培与加工利用》一书，之所以引用括号只是想赋予一个通俗易懂的名称。10多年过去，"蓝莓"已经替代"越橘"成为被生产者和消费者广泛接受和认可的水果名称，甚至在学术论文中也使用"蓝莓"。这就是"蓝莓"名称的由来——一个美丽的错误概念。

　　心愿：多年来，一直梦想写一本书，它不是一本教科书，也不是一本科普书，应该是一本完全能够直接指导生产，让每一个读者看懂，让每一个使用者以最短的时间掌握蓝莓技术要领的书。带着这样的心愿和情感用心写书，希望这本凝聚了笔者10多年的经验、心血和情感的手册能够帮助每一个读过本书的种植者达到蓝莓种植高产、优质、高效的梦想。这也是定名为《蓝莓栽培图解手册》的日的。

缘由：我国蓝莓自2000年产业化生产栽培以来，栽培面积从最初的30余 hm^2 快速发展到2013年的2万 hm^2，形成了从北到南的大小兴安岭和长白山、辽东半岛、胶东半岛、长江流域和云贵川西南地区的五大产区，成为我国各地一个新兴的果树产业。但是，随着产业的快速发展，由于技术普及或实施执行不够，生产中品种选择不当、盲目追求种植规模和不按科学规律栽培发展，致使产量低下、品质下降，甚至全园种植失败的案例全国各地都有发生，尤其以南方产区更为严重。鉴于此，笔者在10余年来指导我国蓝莓生产实践的过程中，对蓝莓生产的各个关键技术成功的经验和生产中失败的教训进行总结、归纳和整理，同时配以形象、直观的图片说明主要的技术环节，力求简化、实用、操作性强。同时在主要的环节，如品种的特性、种植方案制定和修剪等加入笔者多年来的体会和建议。

商榷：本手册中不免有遗漏和技术观点不妥之处，与各位同仁商榷。

致谢：本书的图片和技术经验来源于全国各地的蓝莓种植者，也有国际学者和同行的经验，书中的大部分图片是笔者亲自拍摄，有些图片由蓝莓界的同行提供，在此一并致谢。

李亚东

2014年4月于长春

前言

　　蓝莓属于杜鹃花科（Ericaeae）越橘属（*Vaccinium*）植物，是一个既古老又新兴的果树树种。原产于北美，美国大西洋沿岸各州和加拿大东南部都有分布。果实被采摘食用已有几千年的历史。美国是蓝莓研究利用和产业化生产最早的国家，但也只有100多年的历史。19世纪初，美国开始从野生蓝莓移栽驯化、选种，以后通过杂交育种改良，到目前为止培育了兔眼蓝莓、南高丛蓝莓、北高丛蓝莓、半高丛蓝莓和矮丛蓝莓五大类型，超过300多个品种，并在生产上利用，形成了东北部、东部、西部、南部和中部五大产区。尤其是1997年以来，年栽培面积以30%的速度递增，成为美国发展最快的果树树种之一。继美国之后，加拿大、欧洲一些国家、南美洲的智利和阿根廷、澳大利亚、新西兰、日本等30余个国家于20世纪50年代到20世纪末相继开展了蓝莓的研究与生产。其中以智利和阿根廷发展最快。到2013年全世界蓝莓栽培面积达到12万 hm^2，产量达到34万 t。

　　我国蓝莓的研究和产业化生产起步较晚，基本上可以划分为3个阶段。20世纪80年代初期至2000年属于引种研究阶段，中国科学院南京植物研究所开展了兔眼蓝莓的引种与研究工作，吉林农业大学开展了北高丛、半高丛和矮丛蓝莓的引种与研究工作。由于当时的经济水平和认识，在此近20年的漫长时间里，我国基本上只有这两家科研单位从事蓝莓的研究工作。吉林农业大学本着利用长白山资源优势，开展了蓝莓的引种、育种、栽培和加工利用一系列的研究工作，先后承担了来自科技部、农业部、省市科研项目40余项，培育了一系列适合我国北方生产栽培的优良品种，并研发出了与之配套的丰产栽培技术。南京植物研究所在农业部和江苏省项目的支持下选育出了适宜南方栽培的兔眼蓝莓品种并研究出了配套的栽培技术。2000—2005年属于产业化生产示范阶段，吉林农业大学为山东青岛胶南蓝莓示范基地、威海示范基地、辽宁丹东示范基地、辽宁庄河示范基地和吉林省松江河、通化、安图示范基地提供了技术支撑。南京植物研究所为南京溧水示范基地、贵州麻江示范基地建设提供了技术支撑。在此期间，大连理工大学、大连大学、山东省果树研究所和辽宁省果树研究所也相继开展了蓝莓的研究工作。第三个阶段起始于2006年，蓝莓的研究与产业化生产在我国发生了转折性变化。2006年以来，吉林农业大学作为首席专家单位，组织全国17家科研单位和大专院校承担了"十一五"和"十二五"国家公益性行业（农业）蓝莓专项和"948"重大技术引进专项。以解决产业关键问题为切入点，研发实用简化技术为内容，科技支撑产业发展为宗旨，分工协作，集体攻关，开展全国范围的优良品种选育、区域化、生产关键技术研究和集成示范推广。并建立了科研支撑企业、政府积极参与、龙头企业带动种植大户或合作社发展的产业化生产模式。前期建设的示范基地的成功为蓝莓的快速发展提供了可行性案例，工商资本和金融资本大量投资于蓝莓的规模化和企业化种植以及各地政府的高度重视，使蓝莓以其独特的营养价值、很高的经济效益、丰富的产品形式和备受关注的健康理念，成为我国目前最具发展潜力和发展最快的新型果树产业。并成为我国各地农业种植结构调整、农民致富的主导树种之一。通过科研单位与企业结合，形成了蓝莓鲜果、果酒、饮料、果干、罐头、果酱等一系列加工产品并建设了全国性的销售市场。在此背景下，我国蓝莓生产发展经历了三段式发展的轨迹：商业化栽培面积在2000年以前的空白，2001年开始产业化种植的24hm^2，发展到2005年的198hm^2，2006年以后快速发展到2013年的2万hm^2。

但是，产业快速发展的同时，也出现了很多问题。生产中不按科学种植、盲目贪大求全、品种杂乱、缺少区域化的主导品种、没有按照适地适栽的原则选择适宜的优良品种、没有根据本地的土壤和气候条件制定科学的种植和管理方案，造成投资失败，或产量和品质低下的状况全国各地普遍存在。尤其是2013年以来，在各地政府农业生产政策的调整，如退耕还林政策的影响下，我国蓝莓种植由以前的企业种植模式向农户种植转移。因此，亟需一本简单实用、操作性强的栽培手册来用于指导生产实践。本手册力求实用性、可读性，辅以基本的理论以满足各个阶层读者的需求。

本书得到了国家公益性行业（农业）专项"小浆果产业技术研究与试验示范"（项目号：201103037）的支持，也是本项目的成果之一。

编　著　者

2014年4月6日

目　录

第一章

优良品种

一、主要种类

蓝莓，学名越橘，是指越橘属中的蓝果类型。为杜鹃花科（Ericaeae）越橘属（*Vaccinium*）多年生灌木，是一古老且具经济价值的小浆果。全世界越橘属植物约有400个种，广泛分布于北半球，从北极至热带高山、河谷、沿海地区，其中有40%的种分布在东南亚地区、25%的种分布在北美地区、10%的种分布在美国的南部或中部地区。我国约有91个种、28个变种，分布于我国东北和西南地区。

在商业生产中主要用簇生果类群（Cyanococcus）中的种类，包括高丛蓝莓（Highbush blueberry，*V. corymbosum*）、矮丛蓝莓（Lowbush blueberry，*V. angustifolium*）、兔眼蓝莓（Rabbiteye blueberry）以及种间杂交种半高丛蓝莓（*V. corymbosum/angustifolium*）和南高丛蓝莓（Southern highbush blueberry，*V. corymbosum*）。一般而言，北高丛蓝莓适于温带栽培，兔眼蓝莓和南高丛适应（亚）热带栽培；矮丛蓝莓则适于高寒地带栽培。

二、主要优良品种

蓝莓树体差异显著，兔眼蓝莓可高达7m以上，生产上控制在3m以下；高丛蓝莓多为2～3m，生产上控制在1.5m以下；矮丛蓝莓一般15～50cm。果实大小在0.5～2.5g，多为蓝色、蓝黑色或红色。从生态分布上，从寒冷的寒带到温暖的热带都有分布。自蓝莓栽培100年来，通过野生选种和杂交育种等手段，一共培育了300多个优良品种，根据品种来源、树体特性、生物学特性、果实特性和区域分布，将蓝莓品种划分为兔眼蓝莓、南高丛蓝莓、北高丛蓝莓、半高丛蓝莓和矮丛蓝莓5个品种群。

(一)兔眼蓝莓品种群

该品种群的品种树体高大，寿命长，抗湿热，对土壤条件要求不严，且抗旱但抗寒能力差，−27℃低温可使许多品种受冻。适应于我国长江流域以南地区的丘陵地带栽培。向南方发展时要考虑是否能满足450～850h的需冷量，向北发展时要考虑花期霜害及冬季冻害。

1.'芭尔德温'（Baldwin） 美国佐治亚品种，1985年从'Ga.6-40'（'Myers'×'Black Giant'）×'梯芙蓝'杂交选育品种，为晚熟品种。植株生长健壮、直立，树冠大，连续丰产能力强，需冷量为450～500h，抗病能力强，果实成熟期可延续6～7周。果实大、暗蓝色，果蒂痕干且小，果实硬，风味佳。适宜于庭园栽培。

2.'灿烂'（Brightwell） 1983年美国佐治亚育成，由'梯芙蓝'与'Menditoo'杂交育成，为早熟品种。植株健壮、直立，树冠小，易生基生枝，由于开花晚，所以比兔眼蓝莓等其他品种抗霜冻能力强。丰产性极强，由于浆果在果穗上排列疏松，极适宜机械采收和作鲜果销售。果实大、质硬、淡蓝色，果蒂痕干，风味佳。雨后浆果不裂果。此品种是鲜果市场最佳品种。

3.'精华'（Choice） 1985年美国佛罗里达选育，是由'T-31'（'Satilla'×'Callaway'）自然授粉实生苗中选出，为晚熟品种。植株生长健壮，但不如'梯芙蓝'。'精华'品种对叶片病害抵抗力差，且易感根腐病，适宜在排水良好的土壤上栽培。果实小、淡蓝色，质硬，果蒂痕干，充分成熟后风味佳。适宜于作鲜果远销和庭园自用栽培。

4.'顶峰'（Climax） 1974年美国佐治亚选育，是由'Callaway'×'Ethel'杂交育成，为早熟品种。植株中等健壮、直立，树冠开张，枝条抽生局限于相对较小的区域内，因此，重剪或剪取插条对生长不利。果实中等大、蓝色至淡蓝色，质硬中等，果蒂痕小，具芳香味，风味佳。果实成熟期比较集中。晚成熟的果实小且果皮粗。此品种适宜机械采收，为鲜果市场销售栽培品种。

5.'粉蓝'（Powderblue） 1978年美国北卡罗来纳选育，由'梯芙蓝'×'Menditoo'杂交育成，为晚熟品种。植株生长健壮，植条直

‘粉蓝’果实（於红提供）　　　　　‘粉蓝’树体（於红提供）

立，树冠中小。果实中大，比‘梯芙蓝’略小，肉质极硬，果蒂痕小且干，淡蓝色，品质佳。

6.‘杰兔’（Premier）　1978年美国北卡罗来纳选育，由‘梯芙蓝’דHomebell’杂交育成，为早熟品种。植株健壮，树冠开张，中大，极丰产。耐土壤高pH，适宜于各种类型土壤栽培。能自花授粉，但配置授粉树可大大提高坐果率。果实大至极大、悦目蓝色，质硬，果蒂痕干，具芳香味，风味极佳。适于鲜果销售。

‘杰兔’果实（於红提供）　　　　　‘杰兔’十年生树体（於红提供）

7.'梯芙蓝'（Tifblue） 1955年美国佐治亚选育，由'Ethel'×'Claraway'杂交育成，为中晚熟品种。这一品种是兔眼蓝莓选育最早的一个品种，由于其丰产性强，采收容易，果实质量好，一直到现在仍在广泛栽培。植株生长健壮、直立，树冠中大，易产生基生枝，对土壤条件适应性强。果实中大、淡蓝色，质极硬，果蒂痕小且干，风味佳。果实完全成熟后可树上保留几天。

（二）南高丛蓝莓品种群

南高丛蓝莓喜湿润、温暖的气候条件，需冷量低于600h，但抗寒力差。适于我国黄河以南地区如华东、华中、华南和西南地区发展。与兔眼蓝莓品种相比，南高丛蓝莓具有成熟期早，鲜食风味佳的特点。在我国长江流域栽培果实于5月中旬到6月初成熟，南方地区成熟期更早。这一特点使南高丛蓝莓在我国长江流域和西南等地区栽培具有很强的市场竞争力和栽培价值。江浙地区栽培兔眼蓝莓果实成熟期是6～8月，正是梅雨季节，不利于果实的贮存和保鲜。

1.'奥尼尔'（O'Neal） 树体半开张，分枝较多。早期丰产能力强。开花期早且花期长，由于开花较早，容易遭受早春霜害。极丰产。果实中大，果蒂痕干，质地硬，鲜食风味佳。该品种适宜机械采收。需冷量为400～500h。抗茎干溃疡病。该品种在江浙一带栽培，果实成熟期为5月20日左右，在四川、云南栽培果实成熟期为5月初，具有很强的鲜果市场竞争力。但在长江流域地区，雨水过多时会有裂果现象，影响果实品质，如果结合避雨栽培，会取得较好的效果。

'奥尼尔'果实

'奥尼尔'树体

2. '密斯梯'（Misty） 又称'薄雾'，1992年在佛罗里达推出的杂交品种。中熟品种，成熟期比'奥尼尔'晚3～5d。树势中等，开张型。品质优良，果大而坚实，有香味，色泽美观。果蒂痕小而干，在我国长江流域栽培无裂果现象。需冷量200～300h。南高丛蓝莓品种中最丰产的品种，属于常绿品种。该品种在我国长江以南产区表现出适应性强、管理容易、丰产

'密斯梯'果实

'密斯梯'树体

和果实品质佳等优良特性，是目前长江以南地区最受欢迎的品种。定植后第二年产量可达1kg/株，第三年可达3kg/株以上，第四年可达5kg/株以上。种植该品种时需要注意的主要问题是一定要加强修剪，由于枝条过多，花芽量大，很容易引起树体过早衰老。成年树花芽量可超过3 000个/株，修剪控制在300～400个花芽即可。

3. '夏普蓝'（Sharpblue） 1976年美国佛罗里达大学选育，由'Florida 61-5'×'Florida 62-4'杂交育成。果实及树体主要特性与'佛罗达蓝'极相似，单果实为暗蓝色。为佛罗里达中部和南部地区栽培最为广泛的品种。树体中等高度，开张型。需冷量是所有南高丛蓝莓品种群中最少的品种。早期丰产能力强。需要配置授粉树。该品种在我国长江以南产区表现优良，果实成熟期比'奥尼尔'早3～5d，丰产性和适应性强，管理容易。但在云南地区存在二次开花现象，影响第二年产量。

'夏普蓝'果实（俞林娣提供）

'夏普蓝'幼树结果状（俞林娣提供）

4.'比乐西'（Biloxi）　1998年美国农业部ARS小浆果研究站杂交选育的品种，亲本为'Sharpblue'×'US329'。树体生长直立健壮，丰产性强。果实颜色佳，果蒂痕小，果肉硬，果实中等大小，平均单果重1.47 g，鲜食风味佳。该品种的突出特点是果实成熟期早，比'Climax'早熟14～21d。可以早期供应鲜果市场。栽培时需要配

'比乐西'树体

置授粉树。另外，由于开花期早，易受晚霜危害。该品种是目前唯一一个二次开花结果的品种，在山东威海第二次开花可以结果，果实在10月成熟；云南地区栽培，第二次结果可实现1～1.5kg/株的产量。需冷量很少，只有150h，在美国夏威夷栽培可以实现常年连续开花结果，

'比乐西'二次果实

在墨西哥该品种12月开花、3、4月果实成熟供应美国市场，已成为墨西哥认为最好的一个优良品种。目前我国还没有大面积栽培，建议在南方产区试验栽培，尤其是广东和海南地区，有可能实现比现在所有品种更早的果实采收期。

5.'雷戈西'（Legacy） 树体直立，分枝多，内膛结果多。丰产。果实蓝色，果实大，质地很硬，果蒂痕小且干。果实含糖量很高，甜（水甜味），鲜食风味极佳。尤其是果穗松散，采收容易，为鲜果生产优良品种。由于其果实品质佳、耐贮运等特点，被认为是目前品质最好的鲜食品种之一，也是目前北美地区和南美地区主要栽培的品种之一。在我国长江流域

'雷戈西'果实

以南地区栽培，表现适应性强、优质丰产等特性，四川产区定植第三年平均株产达3kg，果实成熟期比'密斯梯'晚3～5d，作为中晚熟品种栽培具有市场竞争力。在我国胶东半岛和苏北地区栽培表现较

'雷戈西'树体

好，吉林农业大学在山东区域试验定植后第三年株产达4.5kg，成熟期比'蓝丰'晚5～7d，可以作为'蓝丰'之后的晚熟品种栽培。该品种在辽东半岛以北地区，表现花芽分化不良、产量低和越冬冻害等，不宜使用；但在设施栽培时表现优良，可以作为设施栽培的品种。

6. '布里吉塔'（Brigita Blue） 1980年澳大利亚农业部维多利亚园艺研究所选育。由'Lateblue'自然授粉的后代中选出。树体生长极健壮，直立。晚熟品种。果实大，蓝色，果蒂痕小且干，风味甜。适宜于机械采收。该品种由于极强的丰产特性、果实大且品质佳、鲜食品质好，一直是澳大利亚和智利的主要栽培品种。该品种在我国对栽培区域的选择上需要慎重，经过吉林农业大学的区域试验，在我国胶东半岛以北北方产区露地生产存在花芽分化不良、产量低、越冬抽条严重等问

'布里吉塔'成熟果实

'布里吉塔'幼树丰产状

'布里吉塔'果穗

'布里吉塔'树体

题，淮河以南地区栽培表现优良，尤其是云贵川地区表现极佳。

'雷戈西'和'布里吉塔'在国外划分为北高丛品种群的品种，但对这两个品种在我国各地的表现，更适宜我国南方产区栽培。因此，将这两个品种放在南高丛品种群中介绍。

（三）北高丛蓝莓品种群

北高丛蓝莓喜冷凉气候，抗寒力较强，有些品种可抵抗 -30℃ 低温，适于我国北方沿海湿润地区及寒地发展。此品种群果实较大，品质佳，鲜食口感好。可以作鲜果市场销售品种栽培，也可以加工或庭院自用栽培。该品种群是目前世界范围内栽培最为广泛，栽培面积最大的品种类群。

1. '蓝丰'（Bluecrop）1952年美国由（'Jersey' × 'Pioneer'）× ('Stanley' × 'June'）杂交选育，为中熟品种，是美国密歇根州主栽品种。树体生长健壮，村冠开张，幼树时枝条较软，抗寒力强，其抗旱能力是北高丛蓝莓中最强的一个。极丰产且连续丰产能力强。果实大、淡蓝色，果

'蓝丰'果实

'蓝丰'树体

粉厚，肉质硬，果蒂痕干，具有清淡芳香味，未完全成熟时略偏酸，风味佳，是鲜果销售一优良品种。该品种是我国最早使用的北高丛蓝莓品种，自2000年在我国产业化生产栽培以来，以其优良的鲜果品质，

较强的适应性，成为我国北方产区辽东半岛和胶东半岛的主栽品种，2008年以前，该品种占胶东半岛产区栽培面积的80%。建议在无霜期160～200d地区使用。无霜期较短的地区，如吉林省的长白山地区栽培时花芽形成较少，产量较低。另外，该品种在胶东半岛地区栽培也存在越冬抽条的风险，因此，即使在胶东半岛地区栽培，也要考虑越冬防寒问题，尤其是定植后3年之内的幼树。

2.'蓝塔'（Bluetta） 1968年美国农业部和新泽西州农业试验站合作选育品种，是由（'North Sedwick'×'Coville'）×'Earliblue'杂交育成，为早熟品种。树体生长中等健壮，矮且紧凑，抗寒性强，连续丰产性强。果实中大、淡蓝色，质硬，果蒂痕大，风味比其他早熟品种佳，具有蓝莓香气，耐贮运性强。该品种是目前北高丛品种中成熟期最早的品种，比'公爵'早熟3～5d。吉林农业大学区域试验表明，该品种在山东乳山、辽宁丹东和吉林长春均表现出早产、丰产和品质佳等特性，山东产区定植第三年株产可达4kg，丹东和长春产区定植第二年株产可达1kg，第四年株产可达3kg以上。另外，在北方产区的吉林省表现优良，是北高丛蓝莓在160d以下无霜期地区栽培表现优良的品种之一。建议该品种在辽东半岛和长白山地区作为极早熟品种使用。

'蓝塔'树体

'蓝塔'果实

3.'晚蓝'（Lateblue） 1967年美国农业部和新泽西州农业试验

站合作选育，为晚熟品种。树体生长健壮直立，连续丰产性强，果实成熟期较集中，适于机械采收。果实中大、淡蓝色，质硬，果蒂痕小，风味极佳。果实成熟后可保留在树体上。该品种在吉林省栽培表现优良，果实成熟期在长春地区为8月中、下旬，采收过早风味偏酸，果实完全成熟后鲜食品质佳。由于适合欧洲人口味，该品种是波兰作为晚熟品种供应欧洲鲜果市场的主要栽培品种，建议吉林省无霜期大于125d以上的地区和辽东半岛地区作为晚熟鲜食品种，可以实现8月初至9月初供应市场的目标，具有竞争力。在胶东半岛以及类似地区由于果实成熟期与辽东半岛的'蓝丰'冲突，缺少市场竞争力，不宜栽培使用。

'晚蓝'果实

'晚蓝'树体

4.'埃利奥特'（Elliott）1974年美国农业部选育，由'Burlington' × ['Dixi' × ('Jersey' × 'Pioneer')] 杂交育成，为极晚熟品种。树体生长健壮、直立，连续丰产，果实成熟期较集中。花期较晚，能避免霜害。果实中大，果蒂痕小而干，淡蓝色，肉质硬，风味佳。几十年来'埃利奥特'

'埃利奥特'果实

'埃利奥特'树体

'埃利奥特'幼树丰产状

一直是鲜果市场晚熟蓝莓主栽品种。因地点不同成熟期长达3～5周。气调贮藏条件下果实货架期长达8周。

该品种果实未完全成熟时偏酸，影响口感，因此要完全成熟以后采收。从北方栽培来看，该品种最佳的栽培区域是辽东半岛地区，在辽东半岛地区栽培成熟期为8月中旬至9月中旬，作为晚熟品种供应鲜果市场具有竞争力，但在此地区栽培时要注意果实完全成熟时采收，采收过早果实偏酸。在胶东半岛栽培果实成熟期为7月中下旬至8月初，一方面此产区正是雨季，影响果实品质，另一方面，与辽东半岛'蓝丰'的果实成熟期冲突，在鲜果市场上没有竞争力。但在吉林省以北地区栽培时，成熟期过晚，约有30%的果实不能正常成熟，另外还存在花芽分化不良，产量降低的问题，不宜使用。

5.'北卫'（Patroit）也称'爱国者'，1976年美国选育，由'Dixi'×'Michigan LB-1'杂交育成，为中早熟品种。树体生长健壮、直立，极抗寒（－29℃），抗根腐病。果实大，略扁圆形，质硬，悦目蓝色，果蒂痕极小且干，风味极佳。此品种为北方寒冷地区鲜果市场销售和庭园栽培首选品种。该品种是东北地区鲜食栽培的优良早熟品种之一，适应于东北地区的冷凉气候条件，在吉林省的长白山和辽东半岛地区表现优良，但在胶东半岛地区栽培表现树体生长衰弱，产量较差。该品种的果实一级果很大，平均可达3g以上，但二级果1.5g，约占20%的三级果很小，不适于鲜果销售。尽管存在果实大小不均等问题，但由于其果实品质佳，丰产性好，早熟和一级果实大等优点，仍然是辽东半岛和吉林省长白山地区优选的品种之一。

'北卫'果穗上果实大小不一

'北卫'树体

完全成熟的'北卫'果实

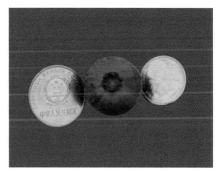

'北卫'果形及果实大小

6.'斯巴坦'（Spartan） 1978年由美国农业部选育，由'Earlyblue'×'US11-93'杂交育成，为早熟品种。树体生长健壮，树冠开张，丰产性强，略抗僵果病害。果实极大、淡蓝色，质硬，风味佳。该品种由于果实大而均匀，果实品质佳，特别适宜韩国和日本消费者口味，因此是最近几年来很受欢迎的一个品种，也是近年来欧洲发展比较看好的一个品种。在我国的长江流域江淮之间表现出果实早熟（5月20日左右）、早产丰产、品质优

'斯巴坦'果实

'斯巴坦'树体

良等特性，极具栽培潜力。胶东半岛和辽东半岛栽培表现优良，可以作为早熟大果品种栽培，但在吉林省栽培表现花芽分化不良，产量低。至今'斯巴坦'一直被广泛栽培，其产量中等，易采摘。开花晚，但成熟早，抗晚霜。风味位居所有高丛蓝莓品种前列。喜轻质、排水良好、有机质丰富的土壤。

7. '公爵'（Duke） 也称'都克'，1986年美国农业部与新泽西州农业试验站合作选育，由（'Ivanhoe'×'Eariblue'）×（'E-30'×'E-11'）杂交育成，为早熟品种。树体生长健壮、直立、连续丰产。果实中大、淡蓝色、质硬，清淡芳香风味。此品种可作为'蓝塔'的替代品种。该品种自在生产上使用以来，由于其果实早熟、果大、品质佳、外观好、耐贮运等特点，受到普遍的欢迎，成为北美、南美地区主要栽培品种。在我国的胶东半岛、辽东半岛、吉林省均表现优良，已经成为我国北方产区目前最受欢迎的一个早熟优良品种。长江流域栽培也表现突出，尤其是在江淮之间（合肥地区）表现果大、早熟、品质优良、树体生长健壮等优良特性，在江淮之间果实成熟期为5月20日左右，具有很强的市场竞争力。尤其是在吉林省，适宜栽培的北高丛品种不多。在长春地区栽培，第五年株产可达5kg。果实成熟期在长白山区为8月初至9月下旬，是吉林省长白山区利用冷凉气候条件的地域差生产鲜果供应市场的一个最佳

'公爵'果实

'公爵'树体　　　　　　　　'公爵'在长春丰产状

品种。该品种对土壤和水肥管理要求严格，在栽培时土壤改良到位、肥水管理到位是保障丰产的关键，尤其是水分，水分不足往往引起花芽分化严重不良。另外，该品种栽培过程中幼树不宜结果过多，最好是定植后第一和第二年将花芽全部疏除，幼树结果对树体发育不利，很容易引起"小老树"，影响后期产量。

8.'早蓝'（Earlyblue）　1952年美国选育品种，由'Stanley'דWeymouth'杂交育成，为早熟品种。树体生长健壮，树冠开张，丰产，成熟后不落果。果实大，悦目蓝色，质硬，宜人芳香，风味佳。该品种比'公爵'成熟期早3d左右，是目前北美东部产区、波兰产区作为早熟主要栽培品种，在吉林省长春地区表现优良，具有早产和丰产特性，定植第二年即可结果，四年生树平均株产可达2kg以

'早蓝'果实　　　　　　　　'早蓝'树体

上，可以作为早熟品种在吉林省长白山地区、胶东半岛和辽东半岛栽培。

9.'普鲁'（Puru） 1988年新西兰国家园艺研究所选育的品种，

'普鲁'果实

为美国专利品种。1975年杂交，亲本为'E118'（'Ashworth'×'Earliblue'）×'Bluecrop'。为中熟品种。树体生长直立，中等健壮，并有秋季二次开花习性。产量中等，一般3～5kg/株。果实淡蓝色，风味极佳，尤其适宜日本市场的要求。果实极大，果实直径12～18mm，单果重2.5～3.5g。果实质地硬，与'蓝丰'品种相同。该品种在长春地区表现早产、丰产、果实成熟一致等优良特性，而且枝条比较软，有利于冬季越冬埋土防寒。是吉林产区可以替代'蓝丰'的优良品种。在辽东半岛和胶东半岛栽培也表现出早产、丰产特性。

'普鲁'树体

10.'瑞卡'（Reka） 1988年新西兰国家园艺研究所选育的品种。1975年杂交，亲本为'E118'（'Ashworth' × 'Earliblue'） × 'Bluecrop'。为早熟品种。树体生长直立，健壮。果穗大而松散。丰产能力极强，可达12kg/株。果实暗蓝色，中等大小，果实直径12～14mm，平均单果重1.8g。果实风味极佳。果实质地硬，耐贮运，采收容易。该种对土壤的适应能力强。根据吉林农业大学在山东乳山、辽宁丹东和吉林长春3个地区的试验，该品种表现出很强的适应性和丰产性，定植5年株产可达10kg。建议作为胶东半岛、辽东半岛和吉林省产区鲜食和加工兼用型品种使用，但栽培该品种时一定注意要控制产量，需要修剪花芽和重剪，以避免结果过多，一般丰产期株产控制在4kg左右即可。

'瑞卡'果实

'瑞卡'树体

'瑞卡'丰产状

11.'伯尼法西'（Bonifacy） 2000年波兰华沙农业大学（Kazimierz Pilszka）于1975年杂交选育的品种，亲本为'PL38'（'Bluecrop'×'Darrow'）。为中熟品种。树体生长直立健壮，丰产性能强。果实蓝色，极大，圆形，直径16～20mm。果蒂痕小且干，口感很甜，有芒果香味，鲜食风味极佳。是目前为止鲜食风味最好的品种之一。开花晚，能避开晚霜，抗寒能力强。我国目前生产上还没有该品种的栽培，吉林农业大学在山东乳山、辽宁丹东和吉林长春的试验基地栽培表现比较优良，该品种表现树体比较直立，枝量相对较少，内膛结果较多，果穗较松散，容易采收，尤其是果实大而圆，如牛眼状，果实均匀一致，长春地区栽培平均单果重达2.74g，最大可达4.1g，作鲜果销售的品相比较好。从产量情况看，栽培第四年在长春和山东乳山株产分别达到2kg

以上和3kg，属于中等产量，但作为鲜果销售栽培属于比较合适的产量水平。另外，也节省了其他品种如'蓝丰'作鲜果销售栽培时由于花芽过多需要控制产量、大量修剪的人力。相对来讲，作为鲜果销售时，该品种果粉较少，但如果是通过市场销售经过加工、包装、物流和运输过程来讲，果粉的多少对鲜果销售影响不大。就目前来看，该品种是胶东半岛、辽东半岛和吉林省产区作鲜果销售栽培最优良的品种之一。

'伯尼法西'果实

'伯尼法西'树体

'伯尼法西'内膛结果习性

'伯尼法西'短枝结果习性

12.'陶柔'（Toro） 为中熟品种，成熟期与'蓝丰'相同。熟体生长健壮直立，很丰产。果穗极大，果实大而饱满，长春产区平均单果重1.78g，最大可达3.5g，质地硬，中等蓝色。果蒂痕小且干，风味比'蓝丰'品种好。果实采收较容易，两次可完全采收完毕。该品种在长春地区和山东产区栽培表现出优异的特性，果实大而均匀，口感好，耐贮运，丰产性强，五年生株产可达4kg。在辽东半岛和吉林产区，由于'蓝丰'品种表现花芽分化较差、产量低等问题，建议该品种作为替代'蓝丰'的一个优良的中熟鲜果品种使用。在胶东半岛地区也可以使用。另外，株丛矮壮，生长速度比较慢，管理容易，枝条弯曲，具有突出的观赏价值，可作为盆景栽培。

'陶柔'果实

'陶柔'树体

'陶柔'二年生枝结果状

'陶柔'果形及果实大小

13.'德雷珀'（Drapper） 1990年美国农业部选育的品种，由'公爵'（'Duke'）与'G751'杂交育成。树势强健，树姿直立，饱满。丰产性与'公爵'相当，稍低于'蓝丰'，表现早产、连续丰产特性。成年树灌丛高约1.5m，一般一年可发2～3条基生枝，节间长2cm。中早熟品种，比'蓝丰'早熟5d左右。果实成熟时为紫罗兰色，果实大，

'德雷珀'果实   '德雷珀'树体

平均单果重1.6g，果实质地很硬，风味极佳，被认为是鲜食风味最好的中早熟品种，果实耐贮性极佳。该品种对果实腐烂病的抗性也强于'蓝丰'，果实硬度和风味优于'公爵'和'蓝丰'。该品种在美国作为替代'蓝丰'的品种使用。建议在我国胶东半岛、辽东半岛和长白山产区作为中早熟品种栽培使用。

14.'奥罗拉'（Aurora） 又称'黎明女神'。为'布里吉塔'（'Brigita'）和'埃利奥特'（'Elliott'）的杂交种。'奥罗拉'成龄树高约1.5m，直立到半开张，生长势强，树体健壮。枝条多，每年新生枝5～6条，节间长2.5cm，成熟枝灰绿色。叶缘平滑，叶片稍小于'利珀蒂'。极晚熟品种，成熟期比'埃利奥特'晚2～3d。果实中大，扁圆形，平均单果重1.5g，美国俄勒冈州栽培

'奥罗拉'果实

评价果实比'埃利奥特'大25%。果实深蓝色，有蓝色果粉。质地硬，

果实采收时撕裂比率小于'埃利奥特',适于远销。美国俄勒冈州评价该品种的丰产性能、果实着色、果实硬度和风味均优于'埃利奥特',建议该品种作为极晚熟品种在辽东半岛地区栽培发展。吉林产区栽培与'埃利奥特'一样存在花芽分化不良和果实不能完全成熟的问题,不宜使用。

'奥罗拉'结果树

15.'利珀蒂'(Liberty) 为'布里吉塔'('Brigita')和'埃利奥特'('Elliott')的杂交种。树体生长健壮,枝条较多,树形较好,枝条可长出树冠,因此结果时需要拉线支撑枝条以防止果实触地,早产、丰产性能极强,花芽形成容易,抗寒性很强,另外一个特点是对氮肥需求量较低,因此对土壤有机质含量要求低。晚熟品种,果实成熟期比'埃利奥特'早5d左右。果实中大,扁圆形,极其悦目的蓝色,果蒂痕小而干,果实质地很硬,耐贮性极佳,极佳的果实风味,被认为是目前蓝莓鲜果品种中最好的一个。该品种作为晚

'利珀蒂'果实

'利珀蒂'结果树

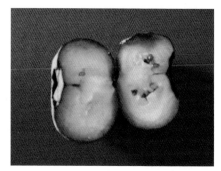

'利珀蒂'果实大小和果形　　　　　'利珀蒂'果实肉质较硬

熟品种在辽东半岛地区栽培具有很强的市场竞争力，吉林产区无霜期大于130d以上地区可以试验栽培。该品种自花授粉所结的果实较小，品质较差，因此栽培时必须配置授粉树。建议'晚蓝'作为授粉树。

16. '钱德乐'（Chandler）　树体开张，株高1.5～3m，需冷量高。果实极大，是目前所有品种中最大的一个，在长春产区平均单果重3.73g，最大可达4.89g，果实扁圆形，如算珠，所以视觉感官更大，可达一元硬币大小。果实天蓝色，风味佳。丰产性较好，长春地区栽培四年生株产2.1kg。果实成熟期较晚，长春地区8月初采收，且成熟时间较长，达4～6周，因此特别适合观光采摘，也有利于鲜果销售时采收劳动力的缓解。建议该品种作为吉林产区和辽东半岛产区晚熟鲜果品种栽培。但该品种在长春地区栽培时有采前落果现象，要注意及时采收。

'钱德乐'果穗　　　　　　　　　'钱德乐'果实大小

'钱德乐'树体

'钱德乐'丰产状

17. '奥林匹亚'（Olympia） 树体高大且开张，生长季节叶片像绿宝石，秋季亮红色，极美观。比较容易栽培。为中熟品种，长春地区7月中旬开始采收。果实大，扁圆形，蓝色，果实含糖量很高，有宜人的芳香味，风味极佳。果蒂痕小且干。适宜鲜果生产栽培。其风味在西方鲜果市场上被认为是最好的一个。多年来被西方作

'奥林匹亚'果实

为一个秘密品种。该品种在山东乳山和吉林长春区域试验表现优良，山东产区平均单果重2.72g，最大4.7g，丰产性中等，栽培第三年株产2.2kg；长春产区栽培第四年株产2kg。该品种的丰产性能不如'蓝丰'，但其果大，品质佳等优异的特性仍被认为是很有发展潜力的鲜果品

'奥林匹亚'树体

种，建议该品种在北方各产区使用，尤其是辽东半岛和吉林产区'蓝丰'表现不太好的地区替代'蓝丰'使用。该品种容易遭受晚霜危害。

18.'甜心'（Sweetheart） 美国佐治亚大学利用南高丛蓝莓品系'TH 275'和北高丛蓝莓品系'G 567'杂交获得的优良品种，2010年美国农业部USDA-ARS, Marucci 蓝莓和蔓越橘研究和推广中心选育推广。该品种的突出特点是早熟、果实成熟期集中，极佳的果实风味、果实硬度极好。丰产性极佳，比'公爵'丰产25%。果实中到大，果实性状和大小与'公爵'相当（'甜心'平均1.6g，'公爵'1.7g）。树体直立，开花习性与'蓝丰'相似。抗寒性比'蓝丰'略差，最新资料报道该品种具有抵抗高土壤pH特性。适应范围较宽，美国的适宜栽培区为农业温度区

'甜心'果实（图片来源于网络资料）

4～9（'蓝丰'4～8），在我国相当于辽东半岛到云南的区域范围。该品种被认为是替代"公爵"并各方面性状优于'公爵'的优良新品种，尤其是具有二次开花结果并于秋季能够达到具有采收经济价值的成熟果实这一特性（是目前唯一一个两次开花结果的北高丛蓝莓品种），被誉为蓝莓育种历史上的一个革命。生产中需要注意的问题：①由于具有15%的南高丛血缘，因此在寒冷区域栽培时需要注意预防冻害。②由于花芽量过多，需要重修剪增大果个。③果实成熟时及时采收，避免过分成熟。

吉林农业大学2011年从美国引种，在长春和山东2013年

'甜心'一年生幼树山东二次开花

定植表现来看，极有希望成为我国一个早熟并且两次开花结果的优良新品种。

（四）半高丛蓝莓品种群

半高丛蓝莓是由高丛蓝莓和矮丛蓝莓杂交获得的品种类型。由美国明尼苏达大学和密歇根大学率先开展此项工作。育种的主要目标是通过杂交选育果实大、品质好、树体相对较矮、抗寒力强的品种，以适应北方寒冷地区栽培。此品种群的品种树高一般50～100cm，果实比矮丛蓝莓大，但比高丛蓝莓小，抗寒力强，一般可抗－35℃低温。

1. '北陆'（Northland）　1968年美国密歇根大学农业试验站选育，由'Berkeley'×（'Lowbush'בPioneer'实生苗）杂交育成，为中早熟品种。树体健壮，树冠中度开张，成年树高可达1.2m。抗寒，极

'北陆'果实

'北陆'树体

'北陆'丰产习性

'北陆'树体下部结果

丰产。果实中大、圆形、中等蓝色，质地中硬，果蒂痕小且干，成熟期较为集中，风味佳，是美国北部寒冷地区主栽品种。'北陆'自2000年在我国栽培推广以来，由于其极强的适应能力、管理容易和极其丰产的性能，成为蓝莓种植者喜欢的一个优良品种。从适应性来看，北至黑龙江的伊春市，南至湖北的武汉，均表现出生长势强、丰产的特点。最高产量可达30t/hm²。目前是辽东半岛、吉林和黑龙江的主推品种。由于越冬性能强，相比'蓝丰'来讲，不抽条或抽条很少，建议在胶东半岛地区栽培一定比例的'北陆'。

2. '北蓝'（Northblue） 1983年美国明尼苏达大学育成，由'Mn-36'×（'B-10'×'US-3'）杂交育成，为晚熟品种，树体生长较健壮，树高约60cm，抗寒（－30℃），丰产性好。果实大，平均达2.5g，是半高丛品种里果实最大的一个，暗蓝色，肉质硬，风味佳，耐贮。'北蓝'具有优异的抗寒、早产和连续丰产特性，是适宜于北方寒冷地区栽培的优良品种之一。缺点是果粉欠佳，果实偏软，适宜于当地鲜果销售。

'北蓝'果实　　　　　　　　　　　'北蓝'树体

3. '北春'（Northcountry） 1986年美国明尼苏达大学育成，亲本为'B-6'×'R2P4'，为中早熟品种。树体中等健壮，树高约1m，早产，丰产，连续丰产。果实中大、亮天蓝色、口味甜酸，风味佳。此品种在我国长白山地区栽培表现丰产、早产、抗寒，为高寒山区蓝莓栽培优良品种。该品种由于果实较小，不适宜鲜果采收，作为加工品种使用，可以与矮丛蓝莓品种'美登'配套栽培。

'北春'果实

'北春'树体

4.'圣云'（St.Cloud）美国明尼苏达大学选育，为中熟品种。树体生长健壮、直立，树高1m左右，丰产性和抗寒力极强。果实大、蓝色，鲜食口感极佳，是北高和半高丛中鲜食风味最佳品种之一。此品种在长白山地区和小兴安岭的伊春地区栽培表现优良，可作为我国北方寒冷地区鲜果销售栽培品种，在东北地区很有发展前途。但该

'圣云'果实

'圣云'结果树

品种的果实采收时如果过度成熟果蒂撕裂严重，因此要注意适时采收，并最好以供应本地市场为目标，不适宜远销。另外，在早春温度升温比较慢的地区如辽宁丹东地区存在授粉受精不良问题，不宜使用，由于开花比较早，在小气候选择上要避免霜谷地带。

5. '奇伯瓦'（Chippewa） 美国明尼苏达大学1996年选育的品种，亲本为（'G65' × 'Asworth' × 'U53'。中早熟品种，树姿直立收拢，树体健壮，树高100cm左右，抗寒能力极强，连续丰产。果实中等，果皮较薄，亮蓝色，果粉较薄，口感极佳，抗逆性强。是

'奇伯瓦'树体

'奇伯瓦'丰产状

适宜北方寒冷地区栽培的优良品种。该品种由于其优异的丰产性、适应性和抗旱性能，与'北陆'一样成为长白山区的主栽品种，在胶东半岛和辽东半岛栽培可以和'北陆'配合使用。

6. '蓝金'（Bluegold） 美国明尼苏达大学1989年选育的品种，亲本为（'Bluehaven' × 'ME-US55'）×（'Ashworth' × 'Bluecrop'），为中晚熟品种。抗寒力极强。树体生长健壮、直立，分枝多，高80 ~ 100cm。果实中大，悦目天蓝色，果粉厚，果肉质地很硬，有芳香味，鲜食略有酸味。丰产性强，需要重剪增大果个，通过修剪控制产

'蓝金'果穗紧密

'蓝金'果实

'蓝金'定植3年后的丰产状

'蓝金'树体

量单果重可达2g。该品种在我国长春、辽东半岛和胶东半岛栽培表现出极其优良的性状，栽培第三年株产可达2～3kg，属于中晚熟品种，在长春地区果实成熟期在7月25日左右，比'蓝丰'晚熟一周，由于果实质地很硬，耐贮运，在辽东半岛和吉林寒冷地区作晚熟鲜果品种栽培具有市场竞争力。在胶东半岛地区可以和'蓝丰'配合使用，作为'蓝丰'的后续鲜果品种。

（五）矮丛蓝莓品种群

此品种群的特点是树体矮小，一般高30～50cm。抗旱能力较强，且具有很强的抗寒能力，在－40℃低温地区可以栽培，在北方寒冷山区，30cm积雪可将树体覆盖从而确保安全越冬。对栽培管理技术要求简单，极适宜于东北高寒山区大面积商业化栽培。但由于果实较小，主要用作加工原料，因此，大面积商业化栽培应与果品加工能力配套发展。

1.'美登'（Blomidon） 加拿大农业部肯特维尔研究中心1970年从野生矮丛蓝莓选出的品种'Augusta'与'451'杂交育成，为中熟品种。在长白山7月中旬成熟，成熟期一致。果实圆形、淡蓝色，有较厚果粉，单果重0.74g，风味好，有清淡宜

'美登'树体

'美登'果园

人香味。树体生长健壮，丰产，抗寒力极强，可抵抗－40℃低温。在长白山地区栽培五年生平均株产0.83kg，最高达1.59kg。商业化大面积栽培的第二、四、六、八年产量可达0.9、11.0、13.6、22.2t/hm²。为高寒山区发展蓝莓的首推品种。该品种是我国第一个审定的蓝莓品种，1999年由吉林农业大学选育并审定。该品种自生产推广以来，由于其优异的抗逆性、丰产能力和优良的果实加工性能，受到了种植者和加工者的普遍欢迎，在吉林省通化地区种植第四年株产高达3.5kg，折合亩*产2t。尤其是树冠矮小，冬季越冬防寒容易，在长白山等雪大地区可不需要埋土防寒，利用自然降雪或人工堆雪即可安全越冬。其果实2006年被日本加工企业认定为首选品种。在黑龙江漠河和加格达奇高寒地区，该品种是唯一表现优良的品种。基于其优良特性，该品种成为长白山区和大小兴安岭地区的主推品种之一。建议该品种的使用区域为无霜期90～150d的地区，大于150d地区存在二次开花现象，夏季高温地区导致早期落叶，生长衰弱，不宜应用。

2. '芝妮'（Chignecto）加拿大农业部肯特维尔研究中心于1964年从野生矮丛蓝莓中选育的品种。树体生长健壮，基生枝条可达80cm长，果穗比'斯卫克'大，位于叶片之上。果实中熟，成熟期不一致。果实近圆形、粉蓝色，果粉厚，果实直径0.8cm，单果重

'芝妮'果实

---

* 亩为非法定计量单位。1亩≈667m²。——编者注

0.45g。叶片狭长，长4.3cm，宽1.7cm。较丰产，栽培的第二、三、七年产量可达370、1773、7612kg/hm²。抗寒力强，长白山地区可露地越冬。该品种的另外一个突出特点是果实中色素含量很高，吉林农业大学连续3年测试，为参试的90个品种中色素含量最高的一个，每100g鲜果实中色素含量达630mg，是'美登'等品种的2倍。因此，建议该品种作为以提取色素为目标种植的首选品种。

'芝妮'树体

3.'芬蒂'（Fundy） 加拿大农业部肯特维尔研究中心于1969年从'奥古斯塔'自然授粉的实生后代中选出。树体生长极旺盛，枝条可达40cm高。果实中熟，成熟一致。果实大小略小于'美登'，单果重0.72g。果穗生长在直

'芬蒂'树体

立枝条的上端，采收容易。果实淡蓝色，有果粉。早产，丰产，抗寒力强。该品种在长白山地区栽培各项指标表现出与'美登'一样的优良特性，果实的特性也相差无几，因此，建议与'美登'配套栽培，互作授粉树。

'芬蒂'果实

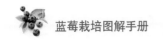

三、我国蓝莓生产品种区域化

根据区域化试验结果，我国各地土壤和气候条件及引种表现及品种资料，我国蓝莓生产可以规划为以下几个产区。

（一）长白山、大小兴安岭产区

长白山、大小兴安岭地处高寒山区，恶劣的气候条件致使许多果树难于成规模栽培，但发展蓝莓却有得天独厚的优势。吉林农业大学经过20余年引种研究，选出的优良蓝莓品种抗寒能力极强，可以抵抗−40℃以上冬季低温，另外，选出的矮丛抗寒品种多树体矮小，一般30～80cm，长白山、大小兴安岭地区冬季大雪可以覆盖植株2/3以上，可确保安全越冬。长白山、大小兴安岭地区多为有机质含量高、疏松、湿润的酸性土壤，适合蓝莓生长。成为目前我国蓝莓的优势产区之一。长白山区栽培蓝莓具有以下几个优势。①土壤酸性、有机质含量高、降水丰富均匀，可以极大地减低建园成本。目前各个产区由于缺少有机质，大量使用东北的草炭土进行土壤改良，再加上水利设施等，建园成本高出长白山地区一倍以上。②以晚熟为目标的鲜果生产是其他任何地区不可比拟的优势。目前北方鲜果生产栽培的品种'公爵'和'蓝丰'在山东产区6月中旬至7月中旬果实成熟，辽宁省7月成熟，而长白山区是8月初至9月初成熟。而此时正是全国蓝莓市场鲜果的供应断档期，此时期生产的鲜果市场价格高，竞争力强。③蓝莓加工特用矮丛蓝莓品种在辽宁省以南地区栽培由于气候问题不宜栽培，在长白山区栽培产量高、品质佳，有不可竞争的发展潜力。④长白山地区冷凉的气候使病虫害发生危害很少或没有，土壤肥力高，工业污染少，完全可以生产有机产品。

在该产区中，无霜期≤90d的地区，如漠河、加格达奇、伊春等，以矮丛蓝莓'美登'、'芬蒂'和半高丛中的'北春'为主，加工栽培。无霜期90～125d的地区，以矮丛和半高丛'北陆'、'北蓝'、'蓝金'为主。无霜期125～150d的地区如吉林省的集安、图们、临江，利用地区优势以晚熟鲜果生产为主，果实采收期7月20至9月10日，品种配置'公爵'、'北卫'、'蓝塔'、'瑞卡'和'蓝金'。

（二）辽东半岛产区

辽东半岛的丹东到大连，土壤为典型的酸性沙壤土，年降水量600～1 200mm，无霜期160～180d，是栽培蓝莓较为理想的地区。但由于冬季的极端低温、干旱少雪等原因，蓝莓越冬抽条严重，因此需要考虑越冬防寒的问题。该产区由于优异的酸性沙壤土和充沛的降水量以及比较理想的无霜期条件，已经成为我国目前北方蓝莓的优势产区之一。

露地栽培果实成熟期在7月初至8月底，正好是胶东半岛露地生产果实采收末期，可以利用地域差异生产鲜果供应市场，露地生产栽培鲜食品种以'爱国者'、'公爵'、'蓝丰'为主，晚熟品种'晚蓝'、'埃利奥特'可以实现8月初至9月初供应市场鲜果，具有较强的市场竞争力。2009—2013年吉林农业大学在丹东产区区域试验表明，'蓝塔'、'瑞卡'和'普鲁'3个品种在该产区表现优良，可以考虑生产上使用。在该产区中，半高丛品种中的'北陆'表现出极强的适应能力，高产和连续丰产，果实品质佳，加工性能好和栽培管理容易，以加工为目标栽培时，是最为理想的品种；如果以鲜食为目标，则需要重剪控制产量，丰产期产量控制在3～4kg／株，增大果个。该产区露地生产中果实成熟期7～8月正值雨季，果实采收困难，尤其是以鲜食为生产目标时，由于降雨造成果实贮运能力下降。因此，建议采用冷棚栽培，既可以提早成熟，又可以提高鲜果的商品率。

此区是大樱桃和草莓的反季节栽培主产区，可以利用现有的设施条件大力推广蓝莓设施栽培。在温室中生产蓝莓，该产区由于入秋早、解除休眠早，比胶东半岛可以提早15～20d成熟，采用自然升温，'蓝丰'可以在4月初至5月中旬采收，如采用人工简单供热提高温度，可提早到3月中旬，具有很强的市场竞争力。该产区是目前我国蓝莓温室反季节生产优势产区，建议品种配置'公爵'、'蓝丰'和'蓝金'，可适当考虑"北陆"。

（三）胶东半岛蓝莓产区

胶东半岛的威海到连云港地区，土壤为酸性沙壤土。典型的海洋性气候，年降水量600～800mm，无霜期180～200d，冬季气候温和，空气湿度大。适宜所有北高丛蓝莓品种栽培生产，在此区北部的烟台均可以安全露地越冬，无抽条现象，青岛以南地区部分南高丛蓝莓和兔眼蓝莓品种也可以安全露地越冬。目前此区是我国北方蓝莓的露地最佳优势产区之一。露地生产6月中旬至7月中旬供应鲜果。主要建议品种：'公爵'、'蓝丰'，适当增加'北陆'和'瑞卡'比例。晚熟品种'达柔'、'晚蓝'、'埃利奥特'成熟期与辽东半岛地区的'公爵'和'蓝丰'露地生产成熟期冲突，而且果实成熟期正值雨季，影响果品质量，不宜应用。

本产区由于需冷量问题，日光温室生产比辽东半岛晚熟15～20d，因此，相对来讲，温室生产和辽东半岛相比不具优势，但果实仍能在4月下旬至5月中旬成熟上市，具备较强的市场竞争力，在此区内采用普通的冷棚栽培，投入只有温室栽培的1/4，'蓝丰'品种可以提早到5月中旬至6月中旬采收上市。将此区规划为蓝莓鲜果冷棚生产主产区。温室和冷棚栽培品种以'公爵'和'蓝丰'为主。其他品种如'瑞卡'、'蓝塔'和'爱国者'可以适当栽培。

（四）长江流域产区

长江流域的上海、江浙、安徽和湖南、湖北一带，湿润多雨，土壤多为酸性的黄壤土、水稻土和沙壤土，夏季高温，南高丛蓝莓和兔眼蓝莓具有耐湿热特点，可在此区发展。此区蓝莓发展可供加工和鲜食兼用。以露地生产早熟品种供应市场为目标，在此区域内，南高丛品种4月末至6月初、兔眼品种6月初至8月中果实成熟，早中晚熟配套可以实现露地生产5个月的果实采收期。品种配置：长江以北到淮河以南地区为南方品种和北方品种混生区，栽培品种为'奥尼尔'、'密斯梯'、'雷戈西'、'布里吉塔'、'灿烂'、'巨丰'、'粉蓝'、'公爵'、'北陆'、'蓝丰'。长江以南地区种植南方品种为'奥尼尔'、'比乐西'、'密斯梯'、'雷戈西'、'布里吉塔'、'灿烂'、'巨丰'、'粉蓝'。

（五）华南产区

以广东、广西、福建沿海为主，该产区是目前我国新发展的产区，栽植面积不大，该产区栽培主要注意的是要选择冷温需要量较低的品种，靠南的地区以南高丛蓝莓品种为主，靠北部的地区发展南高丛蓝莓和兔眼蓝莓品种，主要建议品种：'奥尼尔'、'密斯梯'、'雷戈西'、'布里吉塔'、'灿烂'、'巨丰'、'粉蓝'。在此区域内果实成熟期为5月初至7月底。以生产鲜果供应本地市场、东南亚市场、中国的台湾和香港市场为目标。

（六）西南产区

此产区包括云南、贵州和四川。近几年来，云南、贵州和四川蓝莓产业发展很快。该区土壤为酸性红壤土、黄壤土或水稻土，沙壤土较少，气候条件变化多样，无霜期从120d（海拔3 000m）到280d（海拔1 000m）不等，几乎适宜所有蓝莓品种生长。此区应该根据各地气候条件和生产目标以及社会经济发展条件因地制宜发展。

由于特殊的气候条件和地理位置，该产区果实成熟期较早，南高丛蓝莓4月末至6月初，兔眼蓝莓6月初至7月底。该产区中以露地生产利用区域差异优势提早供应鲜果市场为目标，具有北方产区不可比拟的优势，建议以南高丛蓝莓品种为主，兔眼品种与北方露地生产果实成熟期冲突，由于兔眼品种果实鲜食品质较差，不具备全国市场的竞争优势。在此产区，由于海拔高度变化比较大，南北方品种均可使用，基本原则是：无霜期260d以下地区南北品种均可使用，品种为：'奥尼尔'、'密

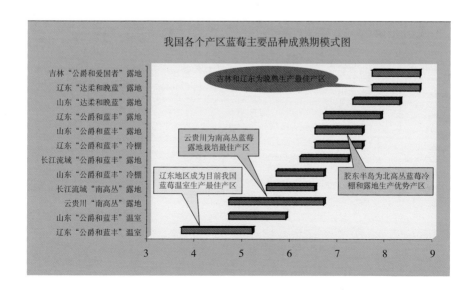

斯梯'、'雷戈西'、'布里吉塔'、'灿烂'、'巨丰'、'粉蓝'、'公爵'、'北陆'、'蓝丰';无霜期超过260d地区使用南方品种:'奥尼尔'、'密斯梯'、'雷戈西'、'布里吉塔'、'灿烂'、'巨丰'、'粉蓝'。

四、品种主要特性描述

为了便于生产者对品种特性的了解,根据田间观察和其他参考资料,我们对各品种的特性进行了如下描述。各种特性的表现程度可能会因为年份、地点、气候、土壤、栽培技术与管理水平等因素而有变化。这里的描述仅供参考。

(一)兔眼蓝莓——低需冷量品种

兔眼蓝莓品种原产于美国东南部各州。已经商业种植接近100年。因浆果较硬、果粉较厚,采后货架期非常长。美国南部种植者采用机械采收兔眼蓝莓用于鲜果和加工。其种子比高丛蓝莓更明显。该品种群的树体高大,一般高2~3m,寿命长,抗湿热,且抗旱,但抗寒能力差,对土壤条件要求不严。适应于我国长江流域以南、华南等地区的丘陵地带栽培。需冷量一般为350~650h。主要品种特性见表1-1。

表1-1 兔眼蓝莓主要品种特性

品种	果实			株丛		需冷量 (h)	主要用途		
	成熟期	大小	品质	生长习性	产量		鲜果市场	加工市场	本地市场自采果园庭院
'粉蓝'(Powderblue)	晚	中	淡蓝色硬品质佳	冠小至中等直立旺盛	极高	550~650	√		√

'粉蓝'为主栽品种。植株生长健壮,生长快,直立。产量高,晚熟。肉质硬,果蒂痕小且干。推荐用于高品质晚熟鲜果市场

（续）

品种	果实			株丛		需冷量 （h）	主要用途		
	成熟期	大小	品质	生长习性	产量		鲜果市场	加工市场	本地市场 自采果园 庭院
'巨丰' （Dellite）	中	大	圆形 淡蓝色 硬 风味佳	直立 冠小到中等	高	500	√		√

'巨丰'为中熟品种。植株生长健壮，直立，树冠中小，对土壤条件变化反应敏感。果实大、圆形、淡蓝色、硬，果蒂痕小且干。果实风味佳，适合大多数人口味

品种	成熟期	大小	品质	生长习性	产量	需冷量	鲜果市场	加工市场	本地市场
'杰兔' （Premeir）	早	大至极大	浅蓝色 质硬 风味极佳	冠中大、 开展	高至极高	400～500	√		√

'杰兔'为早熟品种。植株健壮，冠中大，冠开展，极丰产。耐土壤高pH，适宜于各种类型土壤栽培。能自花授粉，但配置授粉树可大大提高坐果率。果实大至极大，浅蓝色，质硬，果蒂痕干，具芳香味，风味极佳。适于鲜果销售栽培

品种	成熟期	大小	品质	生长习性	产量	需冷量	鲜果市场	加工市场	本地市场
'精华' （Choice）	晚	小	淡蓝色 质硬 风味佳		中至高	550	√		√

'精华'为晚熟品种。植株生长健壮。果实小，淡蓝色，质硬，果蒂痕干，充分成熟后风味佳。适宜作鲜果远销和庭院自用栽培。适宜在排水良好的土壤上栽培

品种	成熟期	大小	品质	生长习性	产量	需冷量	鲜果市场	加工市场	本地市场
'芭尔德温' （Baldwin）	晚	大	暗蓝色 果实硬 风味佳	直立 树冠大	高	450～500			√

'芭尔德温'为晚熟品种。植株生长健壮、直立，树冠大，连续丰产能力强，冷温需要量为450～500h。抗病能力强。果实成熟期可延续6～7周，果实大、暗蓝色，果蒂痕干且小，果实硬，风味佳。适宜于庭院栽培。

（续）

品种	果实			株丛		需冷量 (h)	主要用途		
	成熟期	大小	品质	生长习性	产量		鲜果市场	加工市场	本地市场自采果园庭院
'蓝美人' (Bluebelle)	中	大	淡蓝色 软 风味极佳	直立 树冠中等	中至极高	450~500			✓

'蓝美人'为中熟品种。植株中等健壮、直立，树冠中等。早产，丰产性极强，果实成熟期持续时间长，果实大、圆形、淡蓝色、风味极佳。但果实未充分成熟时为淡红底色，充分成熟采收后迅速变软，并且采收时果皮易撕裂。宜作为庭院栽培自用品种。对土壤条件反应敏感

| '灿烂' (Brightwell) | 早 | 中至大 | 淡蓝色 质硬 风味佳 | 直立 树冠小 | 高至极高 | 350~400 | ✓ | | ✓ |

'灿烂'为早熟品种。植株健壮、直立，树冠小。丰产性极强，果实中大、质硬、淡蓝色、果蒂痕干，风味佳。雨后不裂果。开花晚，抗霜冻能力强。果穗疏松，极适宜机械采收和作鲜果销售

| '南陆' (Southland) | 中 | 中至大 | 浅蓝色 硬 果甜 风味佳 | 紧凑 长势中等 | 高 | 450~600 | ✓ | | ✓ |

'南陆'为中熟品种。成熟期长。树冠紧凑，长势中等。果实中至大，浅蓝色，硬，果甜，风味佳。很少落叶

| '粉红佳人' (Pink Lemonade) | 晚 | 中 | 浅粉色 质地 硬度好 风味中等 | 生长旺盛 直立 | | | | | ✓ |

'粉红佳人'为中晚熟到晚熟品种，产量中等，果实中型，果面光滑，浅粉色果实，风味中等，质地硬度好。株丛生长旺盛，直立，全部叶片光亮绿色。种植的理想区域与兔眼蓝莓品种相同

（二）南高丛蓝莓品种——低需冷量品种

南高丛蓝莓最适宜夏季较热、每年冷量低于1 000h的气候区域。多数南高丛品种不能自花授粉结实。为了获得最高产量和最大果实，需要不同品种交替种植进行相互授粉。表1-2中列出的各品种成熟期将随着各地气候差异而不同。

南高丛蓝莓喜湿润、温暖的气候条件，需冷量低于600 h，抗寒力差。适于我国黄河以南如华东、华南地区发展。与兔眼蓝莓品种相比，南高丛蓝莓具有成熟期早、鲜食风味佳的特点。

表1-2 南高丛蓝莓主要品种特性描述

品种	果实			株丛		需冷量 (h)	主要用途		
	成熟期	大小	品质	生长习性	产量		鲜果市场	加工市场	本地市场 自采果园 庭院
'奥尼尔' (O' Neal)	早	大	中蓝 硬 多汁 甜	1.2～1.8m 开展 直立	高	500～600	✓		

'奥尼尔'一直被广泛栽培。建园定植后需要给予最适宜的栽培技术。产量与其他南高丛品种相同。在南高丛蓝莓中'奥尼尔'的风味最佳。采收期间果实品质非常稳定。土壤pH需保持在4.5～5.5

'密斯梯' (Misty)	中	中 至 大	硬 风味甜	1.2～1.8m 开展 直立 旺盛	高	250～300	✓		

'密斯梯'生长快、产量高和品质优良，一直被广泛种植。但其采收期长和果实比较小。另外，在低冷量或无冷量地区作为授粉树种植。必须重剪以避免结果过多。需冷量不低于250h。推荐用于鲜果市场

'比乐西' (Biloxi)	中	中	浅蓝 非常硬 风味极佳	1.5～1.8m 开展 旺盛	高	150	✓		

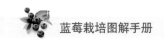

（续）

品种	果实			株丛		需冷量 (h)	主要用途		
	成熟期	大小	品质	生长习性	产量		鲜果市场	加工市场	本地市场自采果园庭院
'比乐西'丛状、生长势非常强，风味品质极佳。在冷量超过150h地区产量不理想。在低冷量或无冷量地区不落叶。推荐在低冷量或无冷量地区栽培。果实颜色好，鲜食风味佳。果蒂痕小，果肉硬，果实中等大小，平均单果重1.47 g。开花期早，易受晚霜危害									
'夏普蓝'(Sharpblue)	中	中	中蓝风味极佳	1.5～1.8m开展直立旺盛	高	200	√		
'夏普蓝'在低冷量或无冷量地区适应性最强，在这些地区作为授粉树栽培。采收期相长。黏土地至沙土地株丛生长表现都很好。几乎全年开花结果，叶片常绿。在炎热天气条件下，必须加大采收次数以保持果实品质，防止浆果变软。建议在很少有霜冻的暖冬地区栽培									
'久比力'(Jubilee)	中	中	浅蓝色硬甜	1.5～1.8m直立	高	500	√		√
'久比力'是在密西西比生长条件比较恶劣的环境下培育的。能很好适应比较黏重的土壤、夏季炎热和突然来临的冬季寒冷环境。浆果天蓝色，果穗大，果蒂痕小。丰产，成熟期2周以上。开花较晚。需冷量至少500h									
'萨米特'(Summit)	中晚	大	浅蓝硬风味佳	1.5～1.8m半开张长势中等	高	600	√	√	√
'萨米特'为中晚熟品种。果硬，果大，浅蓝色，甜而有香气，风味佳，果蒂痕小。货架期长。植株半开张，长势中等。萌芽开花较早，丰产，稳产。单株产量3.6～4.5kg									

（三）北高丛蓝莓品种——高需冷量品种

北高丛蓝莓品种在全世界种植最广泛。适宜生长在比较温暖地区，同时冬季有足够的冷量积累，在我国适宜种植区广泛。北高丛蓝莓品种需冷量一般要达到800h以上。多数品种可以自花结实，种植两个以上品种产量更高。世界范围内培育出100多个品种，不同成熟期品种组合可以使鲜果采收期持续100d以上。入冬后叶片和枝条的颜色不尽相同。北高丛蓝莓主要品种特性见表1-3。

表1-3　北高丛蓝莓主要品种特性描述

品种	果实			株丛习性		主要用途		
	成熟期	大小	颜色风味硬度	高度形状	产量	鲜果市场	加工市场	本地市场自采果园庭院
'早蓝'(Earliblue)	极早	中至大	浅蓝多汁甜	1.2～1.8m直立	中	√	√	√
'早蓝'成熟极早、品质佳、易栽培，一直很受市场欢迎。枝条短壮，株丛直立，开花早。不如中熟品种丰产，但果实上市早，价格比较高。避免霜害和排水不良土壤。适于机械采收加工用果								
'蓝塔'(Bluetta)	早	中	浅蓝色硬风味佳	1.0～1.2m紧凑直立	低至中			√
'蓝塔'株丛生长势中等，紧凑，稳产，比'早蓝'品种更抗寒和晚霜。果实中等大小，浅蓝色，质地硬，果蒂痕小，风味佳，果穗松散，不适宜运输。产量低到中								
'公爵'(Duke)	早	大	浅蓝品质极佳非常硬	1.2～1.8m矮壮直立	中至高	√	√	√
'公爵'为世界各地主栽品种之一。极丰产。因早期丰产、稳产、品质极佳而著称。果整齐度高。风味清淡，冷藏后改善。开花晚成熟早，可避开春季晚霜。负载量大时枝条易下垂。需选择优良的土地和应用良好的栽培技术。适宜机械采收								
'瑞卡'(Reka)	早	中至大	暗蓝风味与香气极佳	1.2～1.8m直立旺盛	极高		√	√
'瑞卡'生长最快，对北方的气候和土壤适应性好。对湿和较黏重土壤耐受力强于其他品种。极丰产，早期丰产性好。具怡人的香气，风味甜。在鲜果市场很受欢迎，但更适于加工，亦适于机械采收								
'蓝金'(Bluegold)	中	中	天蓝色非常硬甜	1.0～1.5m圆球形紧凑	中至高，因土壤与年份而变	√	√	√

（续）

品种	果实			株丛习性		主要用途		
	成熟期	大小	颜色风味硬度	高度形状	产量	鲜果市场	加工市场	本地市场自采果园庭院

'蓝金'中熟，非常丰产。浆果质地非常硬、品质佳，果蒂痕凹陷浅，果实大小均匀一致。果实货架期非常长。成熟期集中，因此人工采摘和机械采收最经济。推荐'蓝金'作为鲜果市场或加工市场销售用优选品种

品种	成熟期	大小	颜色风味硬度	高度形状	产量	鲜果市场	加工市场	本地市场自采果园庭院
'斯巴坦'（Spartan）	早	极大	中蓝 极佳风味和香气	1.2～1.8m 直立 中庸	高至极高	✓		✓

'斯巴坦'至今一直被广泛栽培。其产量中等，易采摘。开花晚，但成熟早，抗晚霜。风味位居所有高丛蓝莓品种前列。喜欢轻质、排水良好、有机质丰富的土壤

品种	成熟期	大小	颜色风味硬度	高度形状	产量	鲜果市场	加工市场	本地市场自采果园庭院
'北卫'（Patriot）	早	大	中蓝 略扁平 风味佳	1.0～1.5m 开展 矮冠	高			✓

'北卫'是非常抗寒、丰产的品种之一。株丛矮至中等高度，冬季雪大枝条易弯曲。易栽培，略微不耐湿或黏重土壤条件。果大，果蒂痕小而干，鲜果品质佳。很适合自采观光果园、小型农场

品种	成熟期	大小	颜色风味硬度	高度形状	产量	鲜果市场	加工市场	本地市场自采果园庭院
'北陆'（Northland）	早中	中	暗蓝 甜	1.2～2.1m 开展 直立 旺盛	高		✓	✓

'北陆'为最丰产的品种之一。非常抗寒，对气候适应性很强，适应于不同土壤类型，在多数种植地区均表现相当好，果实含糖量高。推荐用于加工和本地农场销售

品种	成熟期	大小	颜色风味硬度	高度形状	产量	鲜果市场	加工市场	本地市场自采果园庭院
'陶柔'（Toro）	中	大	中蓝 硬 风味中甜	1.2～1.8m 矮壮 直立	高至极高	✓		✓

'陶柔'果实大，容易采摘，果蒂痕中等，果穗大。高产，稳产。株丛矮壮，生长速度不如其他蓝莓快。另外，具有突出的观赏价值。推荐用于鲜果市场和本地市场销售

品种	成熟期	大小	颜色风味硬度	高度形状	产量	鲜果市场	加工市场	本地市场自采果园庭院
'奥林匹亚'（Olympia）	早	中	暗蓝色 风味极佳	1.2m 开展	低至中			✓

（续）

品种	果实			株丛习性		主要用途		
	成熟期	大小	颜色风味硬度	高度形状	产量	鲜果市场	加工市场	本地市场自采果园庭院
'奥林匹亚'株丛生长旺盛，冠开展。果实中等大小，暗蓝色，软，皮薄，果蒂痕中大，风味极佳，受本地市场欢迎，加工品质好								
'伯克利'（Berkeley）	中	极大	淡蓝色 硬 风味佳	1.2～1.8m 冠开张	中至极高			√
'伯克利'为中熟品种。树体生长健壮，树冠开张，丰产。果穗疏散，果实极大，淡蓝色，质硬，清淡芳香，果蒂痕中，风味佳。对病害敏感								
'哈迪蓝'（Hardyblue）	中	中	暗蓝 芳香 非常甜	1.2～1.8m 直立 旺盛	中		√	√
'哈迪蓝'对比较黏重的土壤有更好的适应性，高产，含糖量高。其株型、果穗松散和成熟期集中的特性更适宜机械采收。作本地市场鲜果销售非常好，不适合长距离鲜果运输。推荐作为加工市场和本地市场品种								
'蓝丰'（Bluecrop）	中	大	浅蓝 硬 风味可口	1.2～1.8m 开心形 直立	高	√	√	√
'蓝丰'目前依然是蓝莓产业中最可靠、种植最广泛、优秀的标准品种。在所有品种中，其适应性、丰产性、稳产性、结果寿命和抗病性表现最好。其树体生长速度快，栽培生产中的问题很少。比较耐春霜。适宜机械采收。推荐用于商业性鲜果、加工、自采或本地市场销售								
'钱德乐'（Chandler）	中晚	极大	中蓝 风味极佳	1.5～2.1m 略开展	高至极高	√		√
'钱德乐'果实极大、优质，非常丰产。其采收期较长，一般情况下4～6周。用于鲜果、自采和本地市场销售非常理想。需冷量较高。								
'鲁贝尔'（Rubel）	中晚	小	暗蓝 风味浓	1.2～1.8m 直立 中庸	中		√	

（续）

品种	果实			株丛习性		主要用途		
	成熟期	大小	颜色风味硬度	高度形状	产量	鲜果市场	加工市场	本地市场自采果园庭院

'鲁贝尔'果实小，果穗松，产量稳定，非常适宜机械采收。因其机械采收果干净、杂质少、一致的暗蓝色，深受加工者喜爱。食品制造商更青睐这种小果，它是最适于做松饼、酸奶酪和烘干食品的优选蓝莓品种之一。其抗氧化剂含量远高于其他多数蓝莓品种。雄居健康食品之"王"宝座。推荐作为加工市场品种

| '泽西'(Jersey) | 中晚 | 小 | 中等蓝色 硬 风味中等 | 2.1m 生长极旺盛 灌丛大 直立 | 中 | | ✓ | |

'泽西'生长极旺盛，灌丛大，直立。果小，中等蓝色，质硬，果蒂痕中，极甜，风味中等。适宜机械采收，用于加工市场

| '达柔'(Darrow) | 晚 | 大 | 浅蓝 多汁 风味极佳 | 1.2～1.8m 直立 | 高 | ✓ | | ✓ |

'达柔'生长快、优质、大果、晚熟品种。果蒂痕大。果实略扁，风味微酸，适宜烹调和鲜果食用。推荐用于自采果园和本地农场销售

| '埃利奥特'(Elliott) | 极晚 | 中 | 浅蓝 硬 偏酸 | 1.2～1.8m 直立 | 高至极高 | ✓ | | |

'埃利奥特'几十年来一直是鲜果市场晚熟蓝莓主栽品种。丰产，树势中庸，浆果大小中等，果蒂痕小而干，硬度高，果实没有完全成熟时非常酸。因地点不同成熟期长达3～5周。气调贮藏条件下可以延长其果实货架期到8周。采收期间避免果实受高温伤害导致浆果变软皱缩。花期晚，可避开晚霜。花芽多，注意修剪

| '晚蓝'(Lateblue) | 晚 | 中至大 | 淡蓝色 硬 风味极佳 | 1.2～1.8m 直立 | 高 | ✓ | | ✓ |

'晚蓝'为晚熟品种。树体生长健壮，直立，连续丰产性强。果实中大，淡蓝色，质硬，果蒂痕小，风味极佳。果实成熟期较集中，适于机械采收

| '蓝片'(Bluechip) | 中 | 极大 | 淡蓝色 硬 风味极佳 | 1.2～1.8m 直立 | 高 | ✓ | | ✓ |

（续）

品种	果实			株丛习性		主要用途		
	成熟期	大小	颜色风味硬度	高度形状	产量	鲜果市场	加工市场	本地市场自采果园庭院
'蓝片'为中熟品种。树体生长健壮，直立。自花结实，连续丰产。果实极大，质硬，果蒂痕小或近于无，淡蓝色，略偏酸，风味极佳								
'伊丽莎白'(Elizabeth)	晚	中至大	淡蓝色风味极佳	1.2～1.8m	高			√
'伊丽莎白'果实中等大，风味极佳。晚熟品种。丰产，稳产。不耐运输。推荐本地市场、自采果园、庭院栽培								
'蓝天'(Bluehaven)	中	大	圆形淡蓝色质硬风味极佳	1.2～1.8m直立	高至极高	√		√
'蓝天'为中熟品种。树体健壮，直立，抗寒，极丰产。果实成熟期集中，适宜机械采收，是密歇根州主栽品种。果实大、圆形、淡蓝色、质硬、果蒂痕干且小，风味极佳。宜作鲜果销售栽培								
'康维尔'(Coville)	中至晚	中至大	淡蓝色质硬风味佳	1.2～1.8m冠开张	高至极高	√		√
'康维尔'为中晚熟品种。树体生长健壮，极丰产。果穗松散，适宜机械采收。果实大、淡蓝色，质硬，完全成熟前风味偏酸。成熟期较长								
'伯尼法西'(Bonifacy)	晚	中大	暗蓝色有香气	2.0m直立旺盛	高	√		
'伯尼法西'株丛长势旺，直立，枝条硬。开花晚，能避晚霜。果实中大，圆球形，暗蓝色，有香气，果穗松散。丰产，抗病								
'布里吉塔'(Brigita Blue)	晚	大	中蓝色质硬甜	1.5～2.1m直立	低至极高，因土壤与年份不同而变化	√		√

（续）

品种	果实			株丛习性		主要用途		
	成熟期	大小	颜色风味硬度	高度形状	产量	鲜果市场	加工市场	本地市场自采果园庭院
'布里吉塔'为晚熟品种。树体生长极健壮，直立。果实大，中等蓝色，果蒂痕小且干，风味甜。适宜于机械采收								
'普鲁'(Puru)	中	极大	淡蓝色 硬 风味极佳	1.5～1.8m 直立	高	√		√
'普鲁'为中熟品种。树姿直立，中等健壮。丰产。果实极大，淡蓝色，质地硬，风味极佳，尤其适宜日本市场的要求								
'甜心'(Sweetheart)	早	中至大	淡蓝色 硬 风味极佳	1.2～1.8m 旺盛	高至极高	√		√
'甜心'为早熟品种，成熟期集中。其风味极佳，非常好的硬度，丰产（高于'公爵'），果实中到大。株丛生长旺盛，开花期与其他北高丛蓝莓（如'蓝丰'）相似。半致死温度为－23℃，'蓝丰'为－28℃。该品种有15%南高丛遗传背景，在暖秋地区有一定程度的二次开花结果								
'喜莱'(Sierra)	早至中	大	浅蓝色 硬 风味佳	1.7m 生长旺盛 开展	高	√		
'喜莱'为早中熟品种，生长旺盛，冠极宽，高1.7m。果大，非常硬，浅蓝色，风味佳。适宜鲜果市场。对寒霜敏感。适宜冬季温暖地区种植								
'雷戈西'(Legacy)	中晚	中至大	浅蓝 风味极佳	1.5～1.8m 开心形 直立 旺盛	高至极高	√	√	√
'雷戈西'气候适应性强，早期丰产性较差，但后期非常高产。其果实品质非常出众。机械采收适应性好。推荐在气候温和地区栽培，用于鲜果和加工市场								

（四）半高丛蓝莓——高需冷量品种

半高丛蓝莓是由北高丛蓝莓与野生矮丛蓝莓杂交后代选育出来的。它们的产量不如北高丛蓝莓高，但果实风味品质非常好，保留了其亲本野生矮丛蓝莓的风味。需冷量1000～1200h，株高0.5～1.2m，抗寒性极强。半高丛蓝莓主要品种特性见表1-4。

表1-4 半高丛蓝莓主要品种特性描述

品种	果实			株丛习性	主要用途		
	成熟期	大小	颜色风味硬度	成树大小形状	鲜果市场	加工市场	本地市场自采庭院盆栽
'北春'(Northcountry)	早至中	中	浅蓝多汁甜	0.5～0.6m紧凑开展			✓

'北春'冠径比'北空'略大，可达1.0m，株丛紧凑与'北空'相似，但树势更旺，适宜盆栽

'北空'(Northsky)	中	小	浅蓝多汁甜	0.3～0.5m紧凑			

'北空'最抗寒，能在极端冬季条件下存活。甚至在较温暖地区普遍当作观赏树种植，特别适宜盆栽。冠径可伸展0.6～1.0m

'北蓝'(Northblue)	中	大	暗蓝风味浓	1.0～1.2m开心形半矮生			✓

'北蓝'相当丰产，对于商业种植，推荐采用（60～90）cm×240cm株行距。种植的头几年需要很少量的修剪，之后老枝需要定期疏除。建议'北蓝'用于冬季寒冷气候地区的商业、自采和地方农场销售

'奇伯瓦'(Chippewa)	中	中至大	浅蓝硬甜	1.0～1.2m直立紧凑			✓

'奇伯瓦'非常抗寒。产量与果实大小与'北陆'相似。果实比'北极星'大，浅蓝，风味中等。推荐在寒冷地区小型农场和自采果园栽培

'北极星'(Polaris)	早	中	风味浓甜	1.0～1.2m紧凑直立			✓

'北极星'抗寒能力极强，成熟期比'北蓝'早，果实香气浓，非常甜。需配置授粉品种。推荐用于本地市场、自采果园

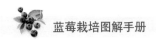

（续）

品种	果实			株丛习性	主要用途		
	成熟期	大小	颜色风味硬度	成树大小形状	鲜果市场	加工市场	本地市场自采庭院盆栽
'圣云'(St.Cloud)	中	中至大	暗蓝色硬风味浓甜	1.0～1.2m开展直立			✓

'圣云'为中熟品种。树体生长健壮。果实蓝色，肉质硬，果蒂痕干，鲜食口感好。抗寒力极强。部分地区出现坐果率低。推荐用于本地市场、自采果园

品种	果实			株丛习性	主要用途		
'慧蓝'	中	中至大	暗蓝色风味浓	1.0～1.2m开展直立			✓

'慧蓝'为中熟品种。树体生长健壮。果实暗蓝色，果蒂痕大而湿，鲜食口感好。抗寒力极强。非常丰产，果实成熟期持续时间长。推荐用于本地市场、自采果园

　　总结与建议：作为一个果园经营者，品种定位是保障生产园经济效益的关键。产品和市场的调研、专家咨询、实地考察、分析判断，最后做出合理的决策确立种植的品种是首要的一环。评价一个品种的优劣要综合考虑，几个关键的指标是：丰产性、抗性（包括抗寒性、抗热性、土壤适应性和抗病虫害能力等）、果实品质（包括外观品质和内在品质）、生产目标（鲜食或加工）、气候条件和当地的交通条件、经济水平。好品种是经过实践证明适宜本地区发展、达到最佳的产量和品质、适合市场需求的品种。品种选择上特别需要注意的是切忌盲目追求新品种，例如'蓝丰'是美国农业部1956年选育出的品种，但在生产上由于其丰产性、土壤和气候的适应性强、果实品质佳、管理容易等特点一直是世界各地蓝莓生产者的主选品种，占据了世界北高丛蓝莓栽培面积的近50%。到目前为止，尽管通过杂交育种等手段陆续推出了一批新品种，但还没有一个新品种能够完全替代'蓝丰'。这一点在其他水果上也是如此，例如苹果，新品种层出不穷，有3 000多个品种，但在中国恐怕很难有一个品种能替代'富士'。一个典型的案例是，2000年前后，长白山地区开始蓝莓种植，根据长白山地区的特点，笔者建议高

寒地区应该以抗寒力强、管理容易的矮丛蓝莓'美登'为主，十多年过去，当目前'美登'成为一个被认为最具加工潜力的产品、市场需求及其旺盛的时候，却发现没有一个成规模的'美登'生产园。品种的选择需把握以下几点：

1.根据生产园所在地区的气候条件选择适宜的品种 兔眼、南高丛、北高丛、半高丛和矮丛5个品种群的品种对气候条件的要求各不相

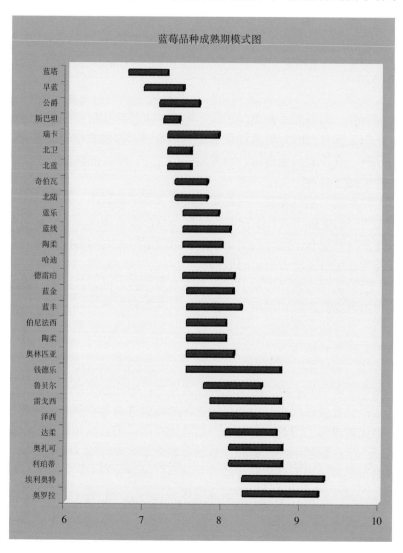

同。各个生产园要依据所在地区的气候条件选择适宜本地区的品种。要特别注意不同品种群之间的气候适应性界限，到目前为止这个界限尽管不是很明确，但可以根据气候条件和地理位置加以评判。矮丛蓝莓品种最好是长白山以北产区，辽东半岛以南地区不建议栽培。半高丛蓝莓品种淮河以南地区不建议使用，兔眼蓝莓和南高丛蓝莓淮河以北地区应慎重使用。要特别注意南北气候过渡地区的品种选择。

2. 确立主导品种和优势品种的概念 所谓优势品种是指在本区域内最适合的品种和具有市场竞争力的品种。主导品种指的是在一个产区或生产园确立3～5个优良品种。切忌在一个产区或一个生产园栽培过多的品种。

3. 根据生产目的选择适宜品种 以鲜果生产为目标时要选择果实大、品质佳、果蒂痕干而小、采收不撕裂、果粉好和耐贮藏和运输的品种。以加工为目标时，要选择果实成熟期集中，容易采收和加工性能良好的品种。在没有商业合同收购果实的情况下，单纯的种植企业和农户不要种植加工品种。

4. 早中晚熟品种配套 蓝莓果实采收劳动力的短缺是目前和未来制约蓝莓生产的主要因素，因此各个产区和生产园品种选择上一定要实现早中晚熟品种配套，拉开果实采收期，不但能较长时间供应鲜果，而且可以极大地缓解劳动力短缺的压力。

5. 授粉品种的选择 对于蓝莓来讲很多品种可以自花结实，但配置授粉树可以提高产量和品质，配置授粉树花期相遇是第一要素。一个生产园内，选择的品种要注意不同品种之间花期相遇，以便有利于授粉受精，提高产量和品质。

本章是本书的重点，因为品种一直是生产中的最关键的问题，在我国蓝莓产业发展过程中，由于品种选择的错误造成生产损失的情况从南到北均比较普遍。因此，对每一个品种的介绍，包括品种特性、适宜栽培区域、生产栽培中的优势和存在的问题应尽可能详细。所介绍的内容是根据该品种的国内外资料，结合笔者的区域试验观察和全国各地栽培表现综合整理而成。最后对全国品种区域化的划分和各个产区品种的使用，以及品种的特性描述又以简表的形式做了总结。尽管有些重复啰嗦，但栽培生产者希望能够提供尽可能全面与详细的介绍，以便于品种选择中的决策。实际生产过程中，各个产区由于气候条件、区域性的小气候条件以及土壤条件和管理水平的千差万别，品种的表现也不尽相同。因此，希望生产中在参考本章介绍的基础之上，结合各自的特点能够做出准确的决策（笔者寄语）。

认识蓝莓的植物学特性，就是为了充分的认识蓝莓的生长习性、特点，以便于更好地掌握蓝莓的栽培技术。

一、植物学特性

（一）株丛形态特征

蓝莓为多年生灌木果树，因种类、品种不同，株高各不相同。高丛蓝莓和兔眼蓝莓均为灌木型。兔眼蓝莓的生长势比高丛蓝莓强，植株高度可达1.5～3m。在南京地区引种的兔眼蓝莓一般高度在2m左右，冠幅大小品种间有差异，

兔眼蓝莓

高丛蓝莓

最大的2m，最小的1.2m。半高丛蓝莓一般株高70～120cm，矮丛蓝莓一般株高30～60cm。高丛、半高丛蓝莓株丛一般由多个主枝构成灌木丛树冠，有的品种可以产生萌蘖，但是只能产生小群体。矮丛蓝莓一般都能形成大群体。

半高丛蓝莓

矮丛蓝莓

（二）花

蓝莓的花通常由花萼、花冠、雌蕊和雄蕊四部分组成，共同着生在花梗顶端的花托上，花梗又叫花柄，是枝条的一部分。

蓝莓绝大多数品种为总状花序（具有较长的花轴，各朵花以总状分枝的方式着生在花轴上，花梗近似等长，整个花序椭圆形，因此又叫圆锥花序或复总状花序）。花单生或双生于叶腋间，花芽一般着生在枝条上部。黑龙江省中、北部地区一般在5月中旬至6月上旬花芽开始萌动，20d后到盛花期。当花芽开始萌动后，叶芽开始生长。蓝莓花芽为纯花芽，多数的花为坛状，也有钟状或管状；花瓣联结在一起，萼片与子房合生，5浅裂，花瓣多为红色或白色，子房下位，4～10室，每室有胚珠1枚至多枚，每朵花中有8～10个雄蕊。雄蕊嵌入花冠基部围绕花柱生长。雄蕊比花柱短，花药上部有2个管状结构，其作用是散放花粉。雄蕊和雌蕊发育成熟后，花萼与花冠也发育成熟，这时花萼和花冠展开，使雄蕊和雌蕊显露出来，这个过程称为开花。

高丛和半高丛蓝莓开花状

矮丛蓝莓的花

（三）叶

植物的叶，一般是由叶片、叶柄和叶托三部分组成。蓝莓的叶片为单叶互生，多为落叶，少有长绿，矮丛蓝莓叶片一般长0.5～2.5cm，椭圆形。高丛和半高丛蓝莓叶片为卵圆形。大部分品种叶片背面被有茸毛，而矮丛蓝莓叶片背面很少有茸毛。

| 平展 | 波状 | 正卷 | 反卷 |

蓝莓叶片边缘状态

| 无 | 少 | 中 | 多 |

蓝莓叶片叶背茸毛多少

（四）果实

蓝莓果实的大小、颜色因品种不同而不同，高丛和矮丛蓝莓果实多为蓝色，被有不同程度的白色果粉，果实直径一般0.5～2.5cm，形状多为扁圆形，也有卵形、梨形和椭圆形，萼片宿存，一般单果重0.5～1.5g。开花后70d左右果实成熟。

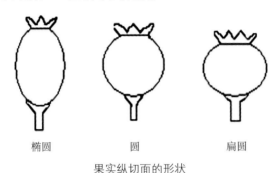

椭圆　　　　　圆　　　　　扁圆

果实纵切面的形状

高丛蓝莓果实

半高丛蓝莓'北陆'的果实

矮丛蓝莓'美登'的果实

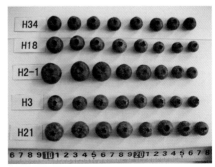

不同品种蓝莓果实形态

（五）根和根状茎

　　蓝莓为浅根性植物，没有根毛，根系不发达，纤细根多，粗壮根很少，呈纤维状，而有内生菌根。矮丛蓝莓的根大部分是由根茎蔓延而形成的不定根。不定根在根状茎上萌发，并且形成枝条。根状茎一般单轴生长，直径3～6mm，根状茎分枝频繁，在l0～25cm深土层中形成穿插的网状结构，新生的根状茎一般为粉红色，而老根状茎为暗棕色，并且木质化。矮丛蓝莓的根系分布在上层土壤中的有机质层。每年蓝莓根系随土壤温度变化有两次生长高峰，第一次出现在6月中旬，第二次出现在8月下旬，当土壤温度达到14～18℃时，蓝莓根系生长高峰出现，低于此温度根系生长减慢，低于8℃时根系生长几乎停止。

高丛蓝莓根系

高丛蓝莓根系在土壤中的生长状况

矮丛蓝莓的根状茎

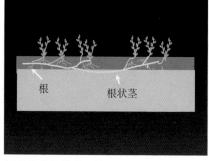

矮丛蓝莓根状茎示意图（Dave Yarborouh）

二、生长结果

（一）营养生长期

1.叶芽发育 叶芽着生于枝条的中下部，在生长前期，当叶片尚未展开时叶芽在叶腋间形成，叶芽刚形成时为圆锥形，因品种不同，叶芽长度各不相同，一般3～4mm，被有等长度的3～4个鳞片，休眠的叶芽在春季萌动后产生节间较短，叶芽完全展开约在盛花期前10d左右。

2.枝条生长 蓝莓在一个生长季节可以有多处枝条生长，一般品种一年至少有两次新梢生长期，一次是初夏，春季温度适宜后，叶芽萌发抽生新枝，新梢长到一定程度后停止生长，顶端生长点小叶变黑形成黑尖，黑尖期维持15d后脱落，这种现象通常称其为枝顶败育，蓝莓的这种现象叫做黑点期，黑尖脱落后20～30d后顶端叶芽重新萌发，长出新枝，即第二次生长期开始，也叫转轴生长，如果温度和光照适宜，一年可以出现几次，最后一次生长顶端形成花芽，开花结果后，顶端枯死，下部叶芽萌发新梢并形成花芽。

黑点期后的二次生长

（二）生殖生长

1.花芽分化 蓝莓夏季抽生的最后一次新梢，紧挨黑点的一个芽原始体逐渐增大发育成花芽，有时第一次生长停止后顶芽便形成花芽。每一枝条可以分化的花芽数因品种不同而不同，另外与枝条的粗细也有关。一般高丛蓝莓、半高丛蓝莓可分化5～7个花芽，最多可达10～15个。花芽在节上通常是单生，偶尔也有复生芽，在一个花序中通常是基部的花芽先形成，先开放。矮丛蓝莓是在花序梗轴不发育以后，先是近侧的花原始体同时分化，然后是远侧的花原基分化，近侧的分生组织变扁平并出现萼片原基以后，接着花器的其他部分向心分化。

蓝莓花芽着生于一年生枝条顶部1～4节，有时可达7节。花芽和叶芽有明显区别，花芽卵圆形，肥大，一般3～5mm，花芽在叶芽间形成，逐渐发育，当外鳞片变成棕黄色时，即进入休眠期。当两个老鳞片分开时，花芽沿着枝轴在几周内向基部发育，迅速膨大形成明显的花芽进入冬眠。

枝条上多个花芽

枝条顶部着生花芽

有叶片的节上形成花芽

进入休眠期后，花芽形成花序轴。半高丛蓝莓花序原基在8月中旬形成，矮丛蓝莓7月下旬形成，从花芽形成到开花大约需270d。蓝莓花芽分化对光周期十分敏感，花芽在短日照（12h以下）条件下分化，品种不同所需光周期也不同，北方抗寒品种一般需8～12h，如果秋季花芽分化期枝条出现落叶，则不能形成花芽，花芽只能形成在有叶的节上。

2.开花　花芽从萌动到盛开约一个月时间，花期约两周，花芽在一年生枝上的分布有时被叶芽间断，在中等粗度的枝条上往往远端芽

花芽开绽

初花期

盛花期

全株盛花期

为花序发育完全芽，矮丛蓝莓位于枝条下部的叶芽可被修剪促进转化成花芽。枝条的粗细与长短和花的形成有关，中等粗度的枝条形成花芽的数量多，枝条粗度与花芽的质量也有关，中等枝条上花序分化完全的花芽多而壮，而过细或过粗的枝条单花芽数量多，一个花芽开放后，单花数量因品种不同而不同。蓝莓开花时顶芽先开，其次是侧芽，粗枝上的花芽比细枝上的花芽开得晚。一个花序中基部先开，然后是中部、上部。果实成熟时却是上部先成熟，而后是中、下部。花芽开放时间则因气候条件不同而不同，一般在开花后一周内授粉，否则很难坐果。

（三）果实发育

1.管理　管理好的果园授粉率可达100%，尤其是矮丛蓝莓，自花授粉能力极强。要想达到高产，授粉率不能低于85%，有的品种自花授粉能力较差，最好配置授粉品种。

蓝莓花绽放时多为悬垂式，花柱高于花冠，因此最好有昆虫传粉。有些品种不需要受精，只需要授粉即可坐果，但是果实的质量不好。笔者通过多年的栽培实践证明，配置相应的授粉树或几个品种配置栽培，实行异花授粉，比栽植单一品种要好得多。不但可以提高坐果率，还可提高产量和果品质量。影响坐果率的主要原因是花粉的质量和数量，有的品种花粉败育，如'北春'自花授粉能力差。一般蓝莓开花后10d内均可授粉，3d内授粉效果最好。

2.果实膨大　蓝莓的果实为单果，开花后约两个月成熟，成熟的果实多数呈蓝色。蓝莓的花受精后，子房迅速膨大，约30d后增大慢慢停止，果实保持绿色，体积仅稍有增加，随着果皮和皮下组织色素含量的增加，果实进入变色期，以后逐渐加深，直至达到果实固有的颜色，此时果实的体积又一次迅速膨大，直径可增加50%左右。固有颜色形成后，色泽和可溶性固形物含量还会上升，果个还会增加，并且风味明显突出。

3.外界因素对果实的影响

（1）影响果实膨大的主要因素是温度提高，加快果实发育。如果水分不足则阻碍果实发育。果实中的种子与果实的大小关系很大，种子越多，果实越大。花期如果花粉量大，形成的种子越多，果实就越大。

蓝莓幼果期

果实膨大期

果实着色期

果实成熟期

（2）果实发育与成熟和果实内源激素变化密切相关，在蓝莓果实中，生长激素在果实发育迅速生长期较低，随着缓慢生长期的到来，生长激素迅速增多，并达到高峰；当进入快速膨大期后又开始下降；生长激素首次出现是在开花后的第20～30d内，第35～40d达到高峰。赤霉素活性在果实发育迅速的生长期达到高峰，高峰出现在开花后的第35～40d；进入果实发育缓慢生长期，赤霉素活性迅速下降，到果实着色时又迅速增加。

（3）果实开始着色后，需20～30d才能完全成熟。

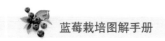

三、生命周期和物候期

（一）生命周期

高丛蓝莓一般定植后第3年开始具有经济产量，第5～6年进入丰产期，结果年限可达30年以上。矮丛蓝莓为根茎型，株高不过几十厘米。根茎寿命可达300年，地上部寿命30年左右，前2年为营养生长期，第3年开始结果，盛果期不过5～6年，从第7年开始，生长势开始减弱。因此，及时的人工更新是发掘其丰产潜力的有效措施。大多数矮丛蓝莓的经营方式是以2年为一个周期，实行焚烧更新。试验证明每2年焚烧一次比每3年焚烧一次的效果好。在焚烧以后，从根茎部或枝干基部发出强壮的枝条。

（二）物候期

蓝莓果树的物候期因种类和地区而异。在我国东北蓝莓的物候期为：5月中旬芽萌动；5月中旬至6月下旬叶芽绽开；6月中旬展叶，新梢生长，盛花；6月下旬至7月上旬果实迅速膨大，开始着色，新梢停止生长；7月中旬果实开始着色；7月下旬至8月上旬果实成熟；8月中旬果实脱落；8月下旬至9月上旬叶开始变色；9月中旬至10中旬落叶。

第三章
对环境条件的要求

一、气候条件

（一）需冷量

蓝莓要达到正常的开花结果一般需要800～1 200h低于7.2℃的低温，花芽比叶芽的需冷量少。虽然650h的低温能够完成树体休眠，但是只有超过800h的低温条件下高丛蓝莓、半高丛蓝莓、矮丛蓝莓才会较好地生长。所以800h的低温是半高丛蓝莓、矮丛蓝莓的最低需冷量，而1 000h的低温休眠最好。南高丛蓝莓需冷量为150～600h，兔眼蓝莓为350～650h（具体品种的需冷量见第一章品种特性描述）。

（二）抗寒性

蓝莓对低温的忍受能力主要依赖于植物进行低温驯化的程度。蓝莓的不同品种抗寒能力不同，矮丛蓝莓抗寒性最强，半高丛蓝莓次之，高丛蓝莓最差。矮丛蓝莓品种除了它本身抗寒能力较强外，另一个原因是因为树体矮小，在寒冷地区栽培时冬季雪大可将其大部分覆盖，因此可安全露地越冬。

蓝莓冻害类型主要有抽条、花芽冻害、枝条枯死、地上部分死亡等，全株死亡现象较少，其中最常见的是抽条现象发生。如果入冬前枝条发育不好，秋季少雨干旱均可引起枝条抽干现象发生。

（三）霜害

霜害最严重的是危害蓝莓的芽、花和幼果，在盛花期，如果雌蕊和子房低温几个小时后变黑即说明发生冻害。解剖花芽后发现各器官在低温后变为暗棕色，说明花芽受到了霜害。霜害虽然不能造成花芽死亡，但是会影响花芽的发育，造成坐果不良，果实发育差。花芽发育的不同阶段，蓝莓的抗寒能力也不同。花芽膨大期可抗－6℃低温，花芽鳞片脱落后遇－4℃的低温可冻死。露出花瓣但尚未开放的花遇－2℃的低温可冻死。正在绽放的花，在0℃时即可引起严重的伤害。

（四）温度与生长发育

蓝莓生长季节可以忍受周围环境中35～45℃的高温，而半高丛和矮丛蓝莓生长季节可忍耐30～40℃的高温，高于此温度，蓝莓对水分的吸收能力减退，造成生长发育不良。矮丛蓝莓在18℃时生长较快，而且产生较多的根状茎。矮丛蓝莓春季温度过低，其生长发育会受到限制，在10～21℃时气温越高，生长越旺盛，果实成熟也越快。在水分和养分充足的情况下，气温每上升10℃生长速度即可增加一倍。当气温降到3℃时，即便没有霜害，植株的生长也会停止。大部分半高丛蓝莓品种可耐－20～－25℃低温，在深度休眠的状态下可耐－30℃低温。矮丛蓝莓的光合作用从10～28℃随温度升高而增加，早春低温对矮丛蓝莓生长不利，大小兴安岭区域栽培蓝莓当遭受早春霜害时，叶片虽然不脱落，但是会变为红色，从而影响光合作用，叶片变红后，待气温升高约一个月后才能转绿。

温度对花芽和果实发育也有很大影响，矮丛蓝莓在25℃时形成的花芽数量远远大于在16℃时形成的花芽数量，因此，生长季节的花芽形成期出现低温往往造成矮丛蓝莓第二年严重减产。

（五）光照

长日照有利于蓝莓的营养生长，而花芽分化则需在短日照条件下进行，全日照光照强度是花芽大量形成的重要条件。在全日照条件下果实质量好。在短日照8h、40d时，矮丛蓝莓形成花芽。光的影响包括光周期、光照强度（光量）和光质三部分。

1.光周期　光周期是指光照与黑暗交替的时间，光周期是对植物细胞脱分化的效应。矮丛蓝莓和半高丛蓝莓供给12h以上的光照可以促进营养生长，光照时间从8h到16h营养生长不断增加，在16h时达到高峰。营养生长对光照时间的反应在21℃时最敏感，而温度低于8℃时不敏感。光照时间的长短与花芽形成密切相关，当植株处于16h以上光照时，只有营养生长而不能形成花芽。当光照强度缩短时，花芽形成数量增加，8h光照时间，花芽形成数量达到最大值。一定时间的短日照（即8h、50～60d)，对矮丛蓝莓是必要的，当短日照小于30d时，产生畸形果，短日照小于35d时花芽发育不正常，花序中的花朵数量减少。比较适宜的短日照时间为50～65d。适宜的短日照处理，可促进生长素合成。长日照处理可钝化和分解生长素。短日照处理也能促进赤霉素物质的合成，从而促进花芽形成。

在蓝莓苗木繁育时，供给16h长光照比供给8h短光照生根率高而且根系质量好。

2.光照强度（光量）　光照强度是指单位面积上接受可见光的能量，简称照度，单位勒克斯（lx）。一天中以中午最大，早晚最小；一年中夏季最大，冬季最小。夏季晴天的中午露地照度大约在10万lx，冬季大约2.5万lx。而阴天是晴天的20%～25%。

光照强度的大小对蓝莓的光合作用有很大的影响。大多数矮丛蓝莓的光饱和点为1 000lx，当光照强度小于650lx时极显著地降低光合速率，矮丛蓝莓由于树冠交叉、杂草等影响光照强度，长期处于光饱和点以下，从而引起产量下降。因此，应做好株丛的修剪与果园的清耕除草工作。

光照强度小于2 000lx时，矮丛蓝莓果实成熟推迟，果实成熟率和可溶性固形物下降。在离体培养条件下常用的光照强度在2 000～4 000lx，通常难以达到4 000lx，一般光照强度在2 000～3 000lx，光照强度的高低直接影响器官分化的频率。在蓝莓育苗中，常采用适当的遮阳以保持空气的湿度，但是全光照条件生根率提高，并且根系发育得好。因此，应尽可能地增加光照强度。

3.光质　光质是指光的波长，过多的紫外线对蓝莓生长和发育有害，正常的晴朗天气达到地面的紫外线为10.5UV-B单位。处于正常光照4倍的紫外光时，果实表面产生日烧。紫外光增加抑制营养生长，而且花芽形成明显下降。

离体培养条件下，一般用荧光灯进行补光，光谱成分主要是蓝紫光，光谱波长419nm。在离体培养中，根和芽的分化依赖光谱成分不同，芽分化有效光谱为蓝紫光，波长为419～540nm，其中蓝光更为适宜。波长为660nm的红光，对芽分化无效，根分化则和芽分化正好相反，根分化受红光600～680nm所刺激，而蓝光则无效。

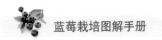

二、水　分

（一）临界水分

一般来讲，蓝莓的耐旱性和耐涝性均属一般，但品种之间差别较大。引起水分胁迫的主要原因是气孔阻力的增加，当白天蒸发量大时，根系不能吸收充足的水分，影响结果，从而产量下降，当树体中水分降低时，蓝莓的气孔阻力迅速增加，即使是中等水分胁迫也会显著地阻碍蓝莓的生长。

（二）干旱

蓝莓叶片由于有一层蜡质，所以气孔扩散阻力比较大，因此蒸腾速率较小，当水势下降100Pa时，叶片中相对水分含量就下降6.4%。蓝莓的根系纤弱，分布很浅，而且根系只有一层表皮细胞，因此很容易受到干旱的伤害。

（三）水淹

蓝莓在休眠期内抗水淹能力很强，在田间管理条件下，水淹半个月后，坐果率、枝条生长、产量均下降。水淹30d后，气孔阻力和蒸腾明显下降，CO_2吸收速率达到负值，株丛死亡。从蓝莓的特性来讲，属于不耐水淹的果树树种。

三、土　壤

与其他果树相比，蓝莓对土壤条件的要求比较严格，不适宜的土壤往往导致栽培失败。

（一）土壤结构

最理想的土壤类型是疏松、通气、湿润、有机质含量高的强酸性沙壤土或草炭土。在黏重板结的土壤、干旱的土壤和有机质含量过低的土壤上栽培，必须进行土壤改良，否则很难成功。

蓝莓的根系生长缓慢而且纤细，在黏重的土壤上不能穿越黏土层，从而导致生长不良。另外有机质低、排水不良也易导致生长不良。在pH过高的土壤上栽培，会造成植株缺铁失绿，酸度过低易引起植株镁中毒。

理想的土壤是有机质含量在7%～10%的沙壤土、壤土。土壤疏松、通气好，极有利于蓝莓的根系发展。

（二）土壤的pH

土壤的pH是蓝莓栽培中的一个重要的因素，蓝莓生长要求强酸性土壤条件，半高丛蓝莓和矮丛蓝莓要求土壤pH为4.0～5.2的适宜范围，最好为4.3～4.8。

土壤pH对蓝莓生长与产量有显著影响，其中pH过高是限制蓝莓栽培范围扩大的一个重要原因。土壤pH大于5.5时，往往导致植株因缺铁发生失绿症，而且随着pH的上升，失绿症状趋于严重。当pH接近中性时，所有植株死亡。土壤pH较高时，不仅影响铁的吸收，还容易引起吸收Na、Ca过量，对植株生长不利。

当pH低于4时，土壤中的重金属元素供应增加，造成重金属吸收过量而中毒如（Fe、Zn、Cu、Mn、Al）等，导致生长势衰弱甚至死亡。

（三）有机质

土壤有机质的含量高低，是决定蓝莓产量的重要因素，蓝莓只有在有机质大于7%的土壤中才能正常生长。但它与蓝莓的产量并不成正比。土壤有机质的主要作用是改善土壤结构，疏松土壤，促进根系发达，保持土壤中营养和水分，防止流失。土壤中的矿物质养分，如：Fe、Cu、Mg、K可被土壤中的有机质以交换态或可吸收态保持下来。

（四）土壤状况

土壤状况主要指土壤的透气性，透气好坏主要是土壤的水分、结构和组成。土壤透气差引起植株生长不良，在正常情况下，土壤中CO_2含量不低于0.3%，土壤疏松、透气良好时，土壤中氧含量可达20%。透气差的土壤氧的含量大幅度下降，CO_2的含量大幅度上升，不利于蓝莓的生长。采取土壤覆盖，是改善蓝莓生长的有效措施。

（五）菌根

菌根一般对植物生长具有良好的作用，有些植物没有相应的真菌存在，就不能正常生长，因此在生产中，可以用人工方法接种所需的真菌，以提高根系的吸收能力，使种植成功。蓝莓属杜鹃花科植物，根是纤维状，没有根毛，但在自然状态下与菌根真菌共生形成菌根，侵染蓝莓的菌根真菌统称为石楠属菌根真菌，专一寄生于石楠属植物，在酸性土壤环境下，蓝莓的根系被石楠属菌根侵染后，形成内生菌根。菌根真菌的侵染对蓝莓的生长发育及养分吸收起着重要作用。

1.增强养分吸收　在自然条件下，酸性有机土壤中能被根系直接吸收利用的氮（N）含量很低，而不能被根系吸收的有机态氮含量很高。通过试验证明，蓝莓生长的典型土壤中可溶性有机氮占70%，而可交换和不可交换的氨离子只占0.4%，菌根侵染后的一个重要作用是促进根系直接吸收有机氮。

人工接种菌根后，植株N含量可以提高17%，菌根对无机N吸收也有促进作用，可以促进磷（P）包括有机磷和难溶性的P、Ca、Fe、S、Zn、Mn等元素的吸收。

2.抵抗重金属中毒　蓝莓生长的酸性土壤pH很低，使土壤中的元素如Ca、Fe、Zn、Mn等供给水平很高，但过量吸收可导致植株重金属中毒而造成生理病害，甚至死亡。但菌根真菌的一个重要作用是重金属元素过量时，真菌菌丝通过根皮细胞内主动生长吸收过量的重金属，从而防止树体中毒。

3.对结果的影响　菌根真菌对蓝莓养分吸收的作用最终反映在结果上，人工接种菌根后，可增加蓝莓的分枝数量，加强植株生长，提高单株产量。

另一个值得注意的是，当蓝莓在没有石楠属菌根真菌的土壤上（如干旱沙壤土壤），由于缺少菌根，使定植成活率降低，树体生长衰弱。

第四章

苗 木 繁 育

　　蓝莓组织培养工厂化育苗技术在我国已经完全成熟，成为我国蓝莓育苗的主要方式。由于组培方法需要的技术条件较高，投入成本较大，在我国目前的小型育苗中主要采用绿植扦插的方法。常规育苗方法主要采用硬枝扦插、种子育苗、根状茎扦插和分株等也有应用，但生产上使用不多。因此，本章主要介绍绿植扦插和组培育苗。

一、绿枝扦插

　　绿枝扦插是目前国际和国内蓝莓苗木生产中主要的育苗方法，这种方法相对于硬枝扦插要求条件严格，且由于扦插时间晚，入冬前苗木生长较弱，因而在北方尤其是东北地区容易造成越冬伤害。但绿枝扦插生根容易，苗木移栽成活率高。

（一）绿枝扦插

　　1.剪取插条时间　剪取插条在生长季进行，主要从枝条的发育状况来判断。比较合适的时期是在果实刚成熟时，此时二次枝的侧芽刚刚萌发。另外的一个判断标志是新梢的黑点期。在以上时期剪取插条生根率可达80%～100%，过了此期则插条生根率大大下降。

　　在新梢停止生长前约1个月剪取未停止生长的春梢进行扦插不但生根率高，而且比夏季插条多1个月的生长时间，一般到6月末即已生根。用未停止生长的春梢扦插，新梢上尚未形成花芽原始体，第二年不能开花，有利于苗木质量的提高。而夏季停止生长时剪取插条，花芽原始体已经形成，往往造成第二年开花，不利于苗木生长。

　　插条剪取后立即放入清水中，避免捆绑、挤压、揉搓。

　　2.插条准备　插条长度一般留4～6片叶。插条充足时可留长些，如果插条不足可以采用单芽或双芽繁殖，但以双芽较为适宜，可提高生根率。扦插时为了减少水分蒸发，可以去掉插条下部1～2片叶。枝条下部插入基质，去掉下部叶片，有利于扦插操作。但去叶过多会影响生根率和生根后苗木发育。

同一新梢不同部位作为插条其生根率不同，基部作插条生根率比中上部低。

剪取插条的母株

插条准备

双芽扦插

多芽扦插

3.生根促进物质的应用　常用的药剂有萘乙酸（500～1 000mg/L）、吲哚丁酸（2 000～3 000mg/L）、生根粉（1 000mg/L），采用速蘸处理，可有效促进生根。

4.扦插基质　蓝莓育苗中最理想的基质为腐苔藓。腐苔藓作为扦插基质有很多优点：疏松、通气好，营养比较全，而且为酸性，基质为酸性可抑制大部分真菌，扦插生根后根系发育好，苗木生长快。另外，土壤中的菌根真菌对生根和苗木生长也有益处。加拿大草炭、椰糠也是比较理想的基质，我国东北生产的草炭、松针、河沙、珍珠炭、锯末或者其混合基质也可以作为扦插基质，但生根率低，而且生根过程中易受到真菌侵染，苗木易腐烂，生根后由于基质营养不足、pH偏高等问题，苗木生长较差。利用河沙作基质生根率较高，但生根后需要移苗，比较费工，而且移苗过程中容易伤根，造成苗木生长较弱。

　　5.苗床的准备　苗床设在温室或塑料大棚内。在地上平铺厚15cm、宽1m的苗床，苗床两边用木板或砖挡住，也可用穴盘。扦插前将基质浇透水。在温室或大棚内最好装置全封闭弥雾设备，如果没有弥雾设备，则需在苗床上扣高0.5m的小拱棚，以确保空气湿度。如果有全日光弥雾装置，绿枝扦插育苗可直接在田间进行。在云南产区，绿枝扦插直接用红壤土作基质，扦插兔眼蓝莓也获得了极好的生根率和成活率。

育苗苗床

苗床扦插

穴盘育苗

穴盘扦插苗木生长

云南产区红壤土基质作育苗床　　　　　红壤土育苗苗床扦插后

6.扦插及插后管理　苗床及插条准备好后，将插条速蘸生根药剂后垂直插入基质中，间距以5cm×5cm为宜，扦插深度为2～3个节位。

绿枝扦插　　　　　　　　　　　　扦插效果

插后管理的关键是温度和湿度控制。最理想的是利用自动喷雾装置，利用弥雾调节湿度和温度。温度应控制在22～27℃，最佳温度为24℃。

如果是在棚内设置小拱棚，需人工控制温度。为了避免小拱棚内温度过高，需要遮阴，中午打开小拱棚通风降温，避免温度过高降低成活率。生根后撤去小拱棚，此时浇水次数也应适当减少。

苗床遮阴　　　　　　　　　　　棚内设小拱棚

及时检查苗木是否有真菌侵染，拔除腐烂苗，并喷多菌灵600倍液杀菌，控制真菌扩散。

7. 促进绿枝扦插苗生长技术　扦插苗生根后（一般6～8周）开始施肥，施入完全肥料，以液态浇入苗床，浓度为0.3%～0.5%，每周施1次。

绿枝扦插一般在6～7月进行，生根后到入冬前只有1～2个月的生长时间。入冬前，在苗木尚未停止生长时给温室加温以促进生长。温室内的温度白天控制在24℃，晚上不低于16℃。

绿枝扦插苗的根系

扦插生根后的小苗

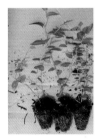

喜来

北陆

蓝丰

都克

不同品种扦插成苗（刘庆忠）

8. 移栽　当年生长快的品种可于7月末将幼苗移栽到营养钵中。营养土按马粪、草炭、园田土体积比1∶1∶1配制，并加入硫黄粉1 000g/m³。

9. 休眠与越冬　越冬苗需入窖贮存，贮存期间注意保湿、防鼠。

（二）绿枝扦插技术流程图

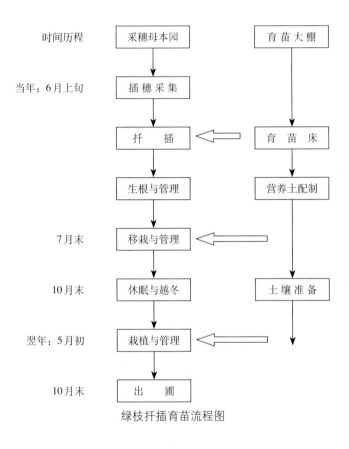

绿枝扦插育苗流程图

二、组织培养

组织培养育苗方法已在蓝莓生产上获得成功并成为我国目前蓝莓育苗的一种主要方式。应用组培方法繁殖速度快，结合日光温室等可以不受季节限制，并有利于苗木的生长，适宜于优良品种的快速扩繁。

（一）组织培养技术要点

1.外植体的选取　蓝莓生长季节选择健壮、无病虫害的半木质化新梢，最好将用于外植体取材的苗木盆栽于日光温室中，田间采取外植体应在天气连续晴好3～4d后进行。每年的3～5月取材。

选择生长健壮的新梢作外植体

田间剪取外植体

2.消毒和接种　带回的外植体用洗涤灵和自来水冲洗干净，切成1.0～1.5cm长的枝段。用饱和洗衣粉溶液清洗10min后，再用自来水冲洗10min，在超净工作台上用70％酒精浸5min，0.1％升汞灭菌6～10min后，用无菌水冲洗5～6次，将单芽接种在改良WPM培养基[按WPM培养基将其中的KH_2PO_4含量加倍，$Ca(NO_3)_2$为原来的1/4，附加0.5～1.0mg/L玉米素或0.1～0.01mg/L TDZ]上诱导丛生芽。注意不要下端朝上，动作要快，尽量减少材料与空气的接触时间，减少褐变，提高成活率。

3.诱导培养　用改良的WPM培养基，温度20～30℃，光照12h，30d后可长出新枝。

接种外植体

诱导培养

瓶内增殖

组培车间

4.继代培养　外植体在诱导培养基上经过30d后可长出新枝，进行
继代培养。将丛生芽适当切割转接到新鲜培养基（改良WPM+0.1mg/L
IAA+2mg/L ZT）上进行继代培养，每40～50d继代1代，以达到育苗
数量上的要求。温度20～30℃，光照度2 000～3 000lx，12～16h。

继代培养转接后

准备出瓶扦插的瓶苗

5.炼苗　将准备移栽的瓶苗放在强光下，并逐渐打开瓶口，经常转
动瓶身，使之适应外界条件。一般需7～15d。

6.组培苗瓶外生根及移植　蓝莓组培苗在试管内生根效果不佳，生
根慢，生根率仅为30%～70%，因此主要采用试管外生根方法。生产上
一般在温室或冷棚内生根，时间在3～6月为最佳，过了6月中旬以后，
由于温度过高，空气湿度较大，生根困难。将组培室瓶内幼枝出瓶，
将幼枝基部培养基洗净，剪成5～10cm枝段，用1 000～2 000mg/L
IAA或生根粉速蘸，扦插在经过消毒处理的基质（腐苔藓）中。

幼枝出瓶

蘸生根剂

扦插

扣小拱棚

棚外用遮阳网遮阴

温室内育苗

冷棚内育苗

组培苗扦插生根

7.扦插后的管理　在扦插前温室或冷棚外用遮阳网遮光，然后扦插，扦插以后扣上小拱棚，如果能够保持空气湿度，也可以不扣小拱棚。温度保持在20～28℃，最低16℃，最高不超过35℃，高于35℃时，放风或喷水降温。空气湿度保持在90%左右。培养15～20d即可生根。生根后一个月小拱棚放风，并逐渐撤掉小拱棚，每隔10～15d浇施0.2%硫酸铵、0.2%硫酸亚铁1次。一直到翌年的9月停止施肥。9月以后，撤掉温室或冷棚外的遮阳网，增加光照，使苗木生长充实健壮，直到越冬前休眠。即为一年生成苗。

8.越冬休眠　一年生苗木可以直接在温室内或冷棚内越冬休眠，也可以起苗后贮存起来。但在东北寒冷地区入冬前需要将苗木贮存起来，第二年上钵抚育。苗木越冬时最重要的是防止失水干旱。北方地区最佳方式是挖一条贮存沟，将苗木装好编织袋后埋入土中越冬。

如果是在日光温室冬季可以保持较好的温度时，当年的9月至第二年的3月都可以扦插，以后随着气温逐渐升高，5月中旬开始进行炼苗，温室应逐渐放风，直到全部打开，需20～30d。此时，幼苗高度20～30cm，有3～5个分枝，即可进行露地抚育，将苗木移栽到12～15cm口径营养钵中。营养土按照园土：草炭：有机肥体积比为1：1：1，同时加入硫黄粉1～1.5kg/m³，到秋季可培育成大苗，即可定植。

（二）蓝莓组织培养技术流程

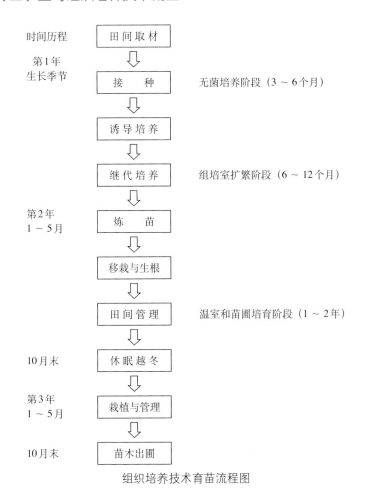

组织培养技术育苗流程图

（三）蓝莓组培育苗方式关键技术和评价

1.穴盘育苗法　目前培育一年生苗木使用的多为56孔、72孔和108孔穴盘。穴盘育苗比苗床育苗有几个优点：①节省基质，相当于苗床基质的1/3。②操作方便，特别是扦插时可以将苗盘放到比较合适的位置，节省人力。③容易计算成活率，且可以在生根以后剔除未成活的死苗、弱苗，将生长一致的合并到一起。④移栽容易而且不伤根，成活率高。

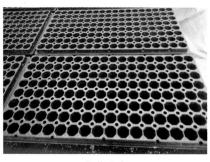

育苗穴盘

填充苔藓基质

填充草炭和珍珠岩混合基质

扦插完毕

2.营养袋育苗法　营养袋育苗法是基质和营养袋机械成型的育苗袋，优点与育苗盘类似，但比育苗盘有更多优点，一是透气良好，有利于生根和根系生长；二是当根系长满育苗基质以后，根系可以穿透育苗袋的筛孔，而不至于产生限制根系生长和团根现象。另外，苗木移栽比较容易而且成活率高，在生产上值得推荐。

营养袋育苗

根系穿出营养袋侧面

根系长出营养袋底部

生根后的生长状

3.苗床育苗法　一般做1m宽的育苗床，厚度5～10cm，长度可根据冷棚或温室空间而定，育苗床的优点是保水能力比较强，因此采用育苗床的方法可以不扣小拱棚，另外相对穴盘育苗来讲根系发育不受限制。但也有很多缺点，一是苗木移栽分苗时容易伤根，从而影响成活率，而且比较浪费基质；二是人工扦插时操作不便，比较困难；三是苗木生长不一致，而且不能像穴盘苗一样在育苗过程中调整苗木。

松针育苗床

苔藓育苗床

育苗床扦插后

生根后的生长状

4.组培苗切段增殖育苗法或微繁育苗法 这种方法是我国蓝莓育苗生产实践中创造的一种快速育苗和增加育苗数量的一种方式，实际上是对蓝莓组培育苗的一种改进。这种方法适合于蓝莓组培瓶苗供应量不足和苗木需要量大时使用，以便获得大量的苗木。采用这种方式，育苗数量比常规组培育苗增加3～5倍。主要技术点：组培瓶苗出瓶后，将幼枝剪成2cm的短小枝段，然后分批次的投入生根溶液中迅速捞出，扦插到基质中。要求枝段基本上不裸露，最关键的是注意不要插倒，密度3cm×3cm。

微繁育苗扦插

微繁育苗扦插后

微繁苗床育苗生长状

微繁穴盘育苗生长状

三、苗木抚育和出圃

（一）苗木抚育

经硬枝、绿枝扦插或组培繁育的一年生生根苗，于第二年春栽植在营养钵内。如果是利用日光温室9月等繁育的苗木，可于第二年5月移栽到营养钵内。营养钵可以是草炭钵、黏土钵和塑料钵，营养钵大小要适当，一般直径以12～15cm较好。

　　1.苗木抚育基质的准备　育苗基质目前最好的是草炭，粉碎的松针也可以使用，但最好和草炭混合使用。不同的土壤类型加入草炭的比例不同。疏松的沙壤土和东北地区的黑土草炭的比例达到30%～50%即可，云贵川等地的黄壤土比较黏重，草炭土的比例要达到70%，同时加入15%的珍珠岩或河沙。

　　大量抚育苗木时，采用旋耕机机械准备基质，节省人力并且混合抚育基质的效果比较好。按照园土的pH和草炭土的pH计算好使用硫黄粉的用量，将草炭土和硫黄粉均匀平铺到土壤表面，用旋耕机旋耕3～5遍，直到均匀为止。

　　2.上钵　先将基质装到营养钵一半的位置，然后将小苗移入并填满基质，注意移栽小苗不要过深。

　　3.苗木管理　苗圃管理以培育大苗、壮苗为目的，注意以下环节：①采用喷灌方式灌水，保持土壤湿润；②适当追施氮磷钾复合肥，促进

旋耕机准备抚育基质

苗木上钵

苗木上钵

抚育苗木生长状

苗木生长健壮；③及时除草；④注意防治红蜘蛛、蚜虫以及其他食叶害虫；⑤8月下旬以后控制肥水，促进枝条成熟；⑥在我国北方的9月，南方的10月，剪留25～30cm高度平头修剪，可以有效地促进根系的发育和枝条健壮。

棚室内苗木抚育

露地苗木抚育

蓝莓苗木秋季平头修剪

平头修剪后生长状

苗木秋季生长表现

苗木秋季落叶

（二）苗木出圃

　　10月下旬以后将苗木起出、分级，注意防止品种混杂，保护好根系。吉林农业大学根据蓝莓生产要求制定了蓝莓苗木出圃标准（表4-1），可供生产参考。

表4-1　蓝莓苗木出圃标准

项目	指标	一级			二级		
		矮丛	半高丛*	高丛	矮丛	半高丛*	高丛
根	不定根数	4	4	4	2	2	2
	不定根长（cm）	10	15	20	5	10	15
	不定根茎部粗（cm）	0.15	0.15	0.2	0.1	0.1	0.15
	须根分布	数量多、分布均匀			数量多、分布均匀		
茎	株高（cm）	15	20	30	10	15	20
	茎粗（cm）	0.2	0.3	0.35	0.15	0.2	0.3
	分枝数量	2	2	2	1	1	1
	成熟度	有2个以上标准枝条木质化			有1个以上标准枝条木质化		
	芽饱满程度	饱满			饱满		
苗木	机械损伤	无	无	无	轻度	轻度	轻度
	病害	无	无	无	无	无	无
	虫害	无	无	无	无	无	无

　　说明：不定根数指长度10cm以上、基部直径0.1cm以上的根数量，不定根茎部粗度指根基部2cm处的粗度，株高指从地表处至茎顶端的长度，茎粗指插段分枝处或距地面5cm处的粗度，芽饱满程度调查苗木中部芽，标准枝指长度和粗度符合本级标准的枝。

　　*　半高丛蓝莓品种之间的株高差异较大，应根据具体情况进行调整。

根系须根多

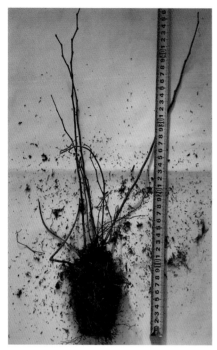

苗木高度和枝条数量

苗木冬季埋土防寒

苗木春季解除防寒

第五章

建　园

一、园地选择与准备

（一）园地选择及评价

栽培蓝莓园选择土壤类型的标准是：坡度不超过10%；土壤pH 4.0～5.5，最好是4.3～4.8；土壤有机质含量8%～12%，至少不低于5%；土壤疏松，排水性能好，土壤湿润但不积水，有充足的水源。

在自然条件下选择时可从植物分布群落进行判断，具有野生蓝莓分布、杜鹃花科植物分布和板栗生产区域的土壤是典型的蓝莓栽培土壤类型。如果没有指示植物判断则需进行土壤测试。

（二）气候条件的选择

气候条件本着适地适栽的原则，栽植适应当地气候的种类和品种。北方寒冷地区栽培蓝莓时主要考虑抗寒性和霜害两个因素。冬季少雪、风大干旱地区不适宜发展蓝莓，即使在长白山冬季雪大地区也应考虑选择小气候条件好的地区栽培；晚霜频繁地区，如四面环山的山谷栽培蓝莓时容易遭受花期霜害，尽量不选。南方产区一定要考虑冷温需要量的要素，不能满足蓝莓品种冷温需要量的地区不宜栽培。

（三）园地准备

园地选择好后，在定植前一年深翻并结合压绿肥，如果杂草较多，可提前一年喷除草剂。土壤翻耕深度以20～25cm为宜，深翻熟化后平整土地，清除杂物。在水湿地潜育土类土壤上，应首先清林，包括乔木及小灌木等，然后才能深翻。

在北方产区草甸沼泽地和水湿地潜育土壤上，应设置排水沟，整好地后修台田，台面高25～30cm、宽1m。北方平地栽培时，如果当地雨季排水不良，或者夏季降水量比较大的地区如辽宁的丹东、庄河也要台田栽培。

在我国南方产区，如长江流域、西南产区，大部分土壤为黄壤土、红壤土和水稻土，多存在土壤黏重、排水不良等问题，即便是山地和丘陵地，连续降雨也会引起土壤积水造成蓝莓生长不良或死亡。因此，南方产区无论是平地、山地和丘陵地，都要考虑台田种植，以便于排水和土壤通气。

二、土壤改良

（一）调节土壤pH

我国从南到北的蓝莓产区，土壤pH过高是蓝莓生产中的一个主要问题，在土壤pH较高，有机质含量低的土壤条件下建园，需要进行土壤改良。目前调节土壤pH最有效和实用的方式是土壤使用硫黄粉。施硫黄粉最好是在定植前一年结合深翻和整地同时进行，如果土地条件不允许，至少要在秋收以后结合整地进行。但对于不同的土壤类型、不同酸碱度的土壤，硫黄粉施用量也不同。在pH为5.9的草甸沼泽土和pH为5.6的暗棕色森林土上，若达到蓝莓生长对土壤pH小于5.0的要求，按土层厚度15cm，需要施入硫黄量为130g/m^2，长春地区近中性的黑钙土按每方土加入1kg的硫黄粉（表示为1kg/m^3）时，土壤pH约下降2个单位，而加入2kg/m^{3}的硫黄粉pH下降2.7～3个单位；表5-1列出了沙土、壤土和黏壤土在原有pH不同的情况下将土壤pH调至4.5时所需的硫黄粉用量及用硫黄粉调节土壤pH计算表（表5-2），可供参考。

表5-1　调节土壤pH至4.5用硫黄粉量（kg/hm^2）

土壤原始pH	土壤类别		
	沙土	壤土	黏土
4.5	0	0	0
5.0	196.9	596.2	900
5.5	393.8	1 181.2	1 800.0
6.0	596.2	1 732.5	2 598.7

（续）

土壤原始pH	土壤类别		
	沙土	壤土	黏土
6.5	742.5	2 272.5	3 408.7
7.0	945.0	2 874.4	4 308.7
7.5	1 125.0	3 420.0	5 130.0

表5-2　用硫黄粉调节土壤pH计算表

现土壤pH	每100m² 调节pH施硫黄粉量（kg）															
	4.0		4.5		5.0		5.5		6.0		6.5		7.0		7.5	
	沙土	壤土	沙土	壤土	沙土	壤土	沙土	壤土	沙土	壤土	沙土	壤土	沙土	壤土	沙土	壤土
4.0	0.00	0.00														
4.5	1.95	5.86	0.00	0.00												
5.0	3.91	11.73	1.95	5.86	0.00	0.00										
5.5	5.86	17.10	3.91	11.73	1.95	5.86	0.00	0.00								
6.0	7.33	22.48	5.86	17.10	3.91	11.73	1.95	5.86	0.00	0.00						
6.5	9.29	28.34	7.33	22.48	5.86	17.10	3.91	11.73	1.95	5.86	0.00	0.00				
7.0	11.24	33.71	9.29	28.34	7.33	22.48	5.86	17.10	3.91	11.73	1.95	5.86	0.00	0.00		
7.5	13.19	39.09	11.24	33.71	9.29	28.34	7.33	22.48	5.86	17.10	3.91	11.73	1.95	5.86	0.00	0.00

注：引自 Paul, Eck. Blueberry Culture。

使用说明：沙土：pH4.5以上每100m²降低0.1需施S粉0.367kg；壤土：pH4.5以上每100m²降低0.1需施S粉1.222kg。例如：沙土pH为5.8需降至4.5，则5.8 － 4.5=1.3=13个计算单位，13×0.367=4.77kg，即每100m²pH为5.8的土壤降至4.5则需施S粉4.77kg。壤土pH为5.8，降至4.5，则5.8 － 4.5=1.3=13个计算单位，13×1.222=15.89kg，即每100m²pH为5.8的土壤降至4.5则需施S粉15.89kg。

　　需要注意的是，以上表格的计算和使用是以土壤原始的pH测算的，在蓝莓园的土壤改良中，生产者要考虑施入草炭土、有机肥和有机物料等的pH和使用量来精确计算。这一点很重要，因为不同产地的草炭土、不同厂家的有机肥和不同秸秆发酵的有机物料的pH差异较大；不同土壤条件使用的草炭土等有机物料的量差异也比较大。

硫黄粉的施用最好是全园施用，土壤深翻后耙平，然后根据计算的硫黄粉使用量全园均匀撒到土壤表面，用旋耕机旋耕3～5遍，直到均匀。

种植带改良

全园改良

（二）增加土壤有机质

除了pH之外，土壤中有机质含量是制约蓝莓生产的另一个最重要的因素之一，除了东北地区的长白山和大小兴安岭地区的未开垦的林地和沼泽地外，我国大部分蓝莓产区都存在土壤有机质不足或严重不足，不能满足蓝莓生长需求的问题。目前我国生产中用于改良土壤的有机物料最好的是草炭，草炭中尤其以加拿大草炭最佳，但价格偏高、东北地区生产的高位草炭要优于中低位草炭和其他地区生产的草炭。除了草炭之外，松针、锯末可以使用，粉碎的秸秆以玉米秸秆较好。腐熟好的牛马粪、兔粪也可使用。但无论使用何种有机物料，建议要和草炭混合使用，不宜完全替代草炭。

不同土壤有机质含量不同，添加的有机物料量也不同。东北地区生产实践中，按园土和有机物料体积比1∶1进行土壤改良可满足蓝莓生长结果要求。有机物料改良土壤方法主要有两种形式，一种是将有机物料掺入土壤，可在定植前挖定植沟或定植穴，定植沟和定植穴挖好后，将园土掺入苔藓、草炭、秸秆、磨碎的松树皮或松林下的腐殖土等，混合均匀后回填入穴内，回填土要高出地面20～30cm，第二种形式是地面覆盖，在蓝莓定植后，将秸秆、锯末、松针、树叶等覆盖于树下地面，从我国目前生产栽培来看，第一种形式是种植必须的方式，第二种形式应该在第一种土壤改良基础之上作为补充。

沟改

沟改拌入草炭和硫黄粉

混拌和回填

方形定植穴（穴改）

圆形定植穴（穴改）

穴改拌入草炭

穴改撒入硫黄粉

穴改混拌和回填

用于土壤改良的锯末

锯末带状土壤改良

三、苗木定植

1. **定植时期**　春季和秋季定植均可，南方产区冬季也可定植，以秋季定植成活率高，春季定植越早越好。

2. **挖定植穴**　定植前挖好定植穴。定植穴大小因种类而异，定植穴规格（深度×宽度×长）分别为40cm×50cm×50cm。有条件的可用机械开沟，定植沟采用深度×宽度 [40cm×（40～60）cm]。半高丛蓝莓和矮丛蓝莓可适当缩小整地规格，兔眼蓝莓可适当增大整地规格。定植穴挖好后，将园土与有机物混匀后回填。定植前进行土壤测试，如缺少某些元素如磷、钾，则与肥料一同施入。

3. **株行距**　兔眼蓝莓常用株行距为2m×4m，至少不少于

1.2 m×3m；高丛蓝莓株行距为（0.8 ～ 1.5）m×3m；半高丛蓝莓常用1 m×2.5m；矮丛蓝莓采用0.5m×（1.5 ～ 2.0）m。我国蓝莓生产中采用的蓝莓种植密度和每公顷苗木数量见表5-3。

表5-3 我国蓝莓生产中采用的蓝莓种植密度和每公顷苗木数量

兔眼蓝莓		高丛蓝莓		半高丛蓝莓		矮丛蓝莓	
株行距（m）	每公顷株数	株行距（m）	每公顷株数	株行距（m）	每公顷株数	株行距（m）	每公顷株数
1.2×3.0	2 777	1.0×2.0	5 000	1.0×2.0	5 000	0.5×2.0	10 000
1.5×3.0	2 222	1.0×2.5	4 000	1.0×2.5	4 000	0.5×1.5	13 333
2.0×4.0	1 250	0.8×2.5	5 000	0.6×2.5	4 166		

兔眼蓝莓株行距

高丛蓝莓

矮丛蓝莓

新定植蓝莓园

4. 授粉树配置 高丛蓝莓、兔眼蓝莓需要配置授粉树，即使是自花结实的品种，配置授粉树后可以提高坐果率，增加单果重，提高产量和品质。矮丛蓝莓品种一般可以单品种建园。授粉树配置方式可采用1：1式或2：1式。1：1式即主栽品种与授粉品种每隔1行或2行等量栽植。2：1式即主栽品种每隔2行定植1行授粉树。

5. 定植 定植的苗木最好是生根后抚育2～3年的大苗。定植时将苗木从营养钵中取出，捏散土坨露出须根。然后在定植沟（穴）上挖20 cm×20 cm的小坑，将苗栽入。埋土后轻轻踏实，浇透水。我国长白山地区春秋土壤水分充足，定植后不浇水成活率也很高。

6. 苗木定植注意的要点 蓝莓苗木定植的质量对生长发育影响极大，尽管看似简单的技术，操作不当往往造成后期生长严重不良。主要掌握以下几个要点：

（1）**苗木质量** 生产上定植用的苗木基本上是二至三年生的营养钵抚育苗木，苗木选择时主要看根系的质量，质量好的根系秋季或春季为黄白色，生长季须根为白色，而且根系发达，须根多。如果出现根系褐变，甚至黑色则不宜选择。从地上部来讲，质量好的苗木一般有2～3个或更多的分枝，枝条生长健壮。切忌选择高度很高的独枝苗和由于育苗遮阴过度、秋季没有撤掉遮阳网而培育的高度很高但生长不充实的苗木。生产上培育苗木时要求营养钵二年生苗木口径要达到10cm，三年生要达到16cm以上，口径过小往往引起苗期根系发育受抑制，由于没有足够的养分供应，使苗木处于饥饿状态，尽管地上部高度足够，但定植后发根困难，生长不良。需要注意的是这里的营养钵口径是以国标为标准。二年生苗木没有按照标准换营养钵的苗木不宜选择。另外，尽可能选择组培苗木，组培苗木比绿植扦插苗木的根系和枝条的质量要好得多。

（2）**破根团** 无论是二年生还是三年生营养钵培育的苗木，由于营养钵的限制，根系沿营养钵的内壁环绕团在一起，直接定植以后由于根系的生长惯势在短时间内很难突破根团深入到土壤之中，从而引起生长不良，甚至死亡。尤其是以黏土为基质材料培育的苗木更为严重。因此，定植前，用手或刀具将根团破开后再定植。

（3）**定植深度** ①定植一定注意不能过深，即俗语中的"下窖或埋干"，定植过深造成的问题很多，一是根系层温度较低，不利于根系发育，二是埋干造成根茎部位呼吸受阻，特别是厌氧呼吸造成埋入土层中的枝条韧皮部褐变腐烂，而引起全株死亡。在黏重土壤上后果尤为严重。②定植也不能过浅，定植过浅露根后根系暴露在空气中，高温和阳光直射造成根系伤害，引起叶片黄化、生长不良甚至死亡。栽植深度以覆盖原来苗木土坨 1 ～ 3 cm 为宜。

10cm 口径营养钵三年生苗木定植 3 个月后

定植 1 年的苗木秋季生长状

10cm 口径营养钵三年生苗木定植 3 个月后根系仍然没有发育出来

7cm 口径营养钵二年生苗木定植 1 年根系仍然发育不良

7cm口径营养钵二年生苗木定植1年根系

定植1年后死亡

定植时没有破根团，定植1年后根系仍然团在一起

二年生苗木定植前

二年生苗木定植前破根团

定植过深

定植过浅引起的露根

定植深度适宜

四、蓝莓机械化种植技术要点

利用开沟机开挖定植沟，结合旋耕机可以实现土壤改良和种植机械操作的一体化，不但缓解劳动力短缺的制约，而且可有效地提高土壤改良效果和劳动效率。技术要点如下：

1. 开沟机　50马力*拖拉机带动履带式开沟机，带有锰钢刀片，这种履带式开沟机宽度可以根据需求调整。开沟机由两部分组成，即开沟刀链和绞龙，绞龙的主要功能是将开沟机翻出的土均匀绞撒在行间。

2. 开沟标准　开沟宽度和深度 40cm×40cm，如有必要宽度可以调整到50cm 或60cm。注意深度不宜过深，超过40cm时，下层的生土翻耕到表面，不利于根系生长，而且翻耕到行间的土过多或过厚，不利于行间旋耕机拌土操作。如果加宽定植沟，需要考虑加大草炭土的施用量。

3. 开沟　开沟前，将土壤深翻25cm左右，耙平，按照规划的行距用白灰划出定植行行线，沿定植行开沟。将开沟土尽可能均匀地撒放到两行的中间。

4. 改良和拌土　按每株2～3袋草炭土（40袋/m³）1袋有机肥，和以定植沟内土壤的容量计算出的施入硫黄粉的量均匀撒到行间的表面上，用旋耕机往返旋耕3～5遍，直到拌土均匀为止。

5. 合拢　用单铧犁，改造制作成合拢机，既以开沟的宽度为基准，在横梁的两边相向悬挂一个单铧犁，35马力拖拉机带动，骑在沟上沿

---

* 马力为非许用单位，为便于读者应用，本书暂保留。1马力＝735.498W。

沟向行走，将行间拌好的土壤翻耕合拢到沟中。采用人工补充，将行间拌好的所有土壤填回到定植沟内。

6. 定植　用单铧犁在合拢好的定植沟上开一条深20cm的浅沟，按照设计好的株距定植苗木。

履带式开沟机

开沟过程

开沟机机械开沟

开沟机开沟后的效果

草炭土均匀撒在行间同时撒入硫黄粉

利用旋耕机往返旋耕3遍

机械合拢

合拢完毕

单铧犁开定植沟

苗木定植

总结与建议：

种植方案的制定是蓝莓生产中最重要的一环。我国从南到北各个产区的土壤和气候条件差别很大，蓝莓种植者一定要根据各自的条件因地制宜地制定好适合的种植方案。主要把握好以下两个关键因素：

1. 园区调查　土壤调查指标主要是土壤类型、pH、有机质含量、土层厚度、元素含量和盐分含量。水资源调查指标主要有供水量、pH、Na和Cl含量。土壤pH最好小于7，大于7.5以上的盐碱地类型则不能种植。有些地块尽管土壤pH中性但盐分含量过高时也不宜种植。水资源不足，不能满足蓝莓对水分需求的地块、灌溉水中Na^+离子含量超过160毫克／千克，Cl^-离子含量超过50毫克／千克的也不宜种植。

2. 土壤类型　在满足土壤pH的条件下，疏松、透气良好的沙壤土和有机质土壤是蓝莓栽培最理想的土壤条件。但我国南方产区，如贵州、四川、云南、长江以南各个省份栽培时，鲜果可以提早上市，具有很强的市场竞争能力，但大部分土壤属于黄壤土、红壤土或水稻土，多黏重，透气性较差，土壤改良不到位时很容易引起积水，厌氧呼吸造成根系生长发育受阻或腐烂。因此在这一类土壤上栽培时加大土壤改良力度是栽培成功的关键所在。根据目前的情况，这一类土壤宜采用全园改良的方式，即在土壤表面加入锯末、腐熟好的有机肥、秸秆、烂树叶和草炭等有机物料70%，园土30%的比例改良，然后起垄栽培，南方产区起垄一定要高于40cm，以免积水。胶东半岛、辽东半岛和东北长白山与大小兴安岭地区土壤疏松，透气良好，土壤改良时有机物料的比例可以降低到30%，并且建议采用穴改或开沟方式种植。

3. **品种选择**　本着适地适栽和区域化生产的原则，选择适宜本地发展的优良品种，并注意实现早、中、晚熟品种的搭配（笔者寄语）。

第六章

修　剪

　　修剪是保障蓝莓生长结果的重要一环，修剪的目的与作用是调节生殖生长与营养生长的矛盾，解决树体通风透光问题，增强树势，改善品质，增大果个，提高商品果率，延长结果年限和树体寿命。

一、修剪的原则

　　修剪要掌握的总原则是：维持壮枝、壮芽和壮树结果，达到最好品质而不是最高的产量，防止过量结果。蓝莓修剪后往往造成产量降低，但单果重增大、果实品质提高、成熟期提早、商品价值增加。修剪时应防止过重，以保证一定的产量。修剪程度应以果实的用途来确定，如果是加工用果，果实大小均可，修剪宜轻，以提高产量；如果是鲜果销售，修剪宜重，提高商品价值。

二、认识花芽

　　蓝莓的花芽着生在结果枝条的上部，不同品种一般从顶部到3～10个节位，花芽形成能力强的品种可达到15个以上节位。
　　蓝莓修剪的主要方法有平茬、回缩、疏剪、剪花芽、疏花、疏果等，不同的修剪方法其效果不同。究竟采用哪一种方法应视树龄、枝条多少、花芽量等而定。在修剪过程中各种方法应配合使用，以便达到最佳的修剪效果。

蓝莓花芽示意图

花芽着生在枝条上部

花芽、叶芽和花芽萌发花序示意图（来源于网络）

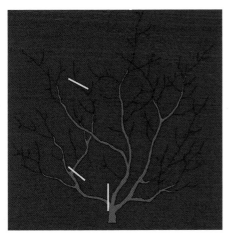

回缩修剪示意图（引自杨伟强报告）

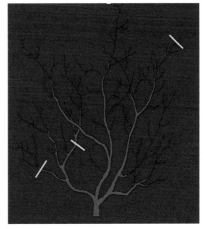

短截修剪示意图
（引自杨伟强报告）

三、高丛蓝莓修剪

（一）幼树修剪

幼树定植后1～2年就有花芽，但若开花结果会抑制营养生长。幼树期是构建树体营养面积时期，栽培管理的重点是促进根系发育、扩大树冠、增加枝量，因此幼树修剪以去花芽为主。定植后第二年、第三年春，疏除弱小枝条，第三年、第四年应以扩大树冠为主，但可适量结果，一般第三年株产应控制在1kg以下。

定植后1～2年：疏除所有细弱枝，下垂枝条（从基部疏除），疏除所有交叉枝，疏除所有的老枝条，选留2～3个生长强壮的一年生基生枝，采用短截或者撸花芽方式去掉所有花芽。

定植后第3～4年：疏除所有细弱枝，下垂枝条（从基部疏除），疏除所有交叉枝、病死枝和枯萎枝，三年生以上枝条回缩到具有强壮枝条部位，应该有3～5个强壮的基生枝。可适量结果。利用强壮枝条结果，一般三年生树根据树体生长势剪留50～100个强壮花芽，产量控制在0.5kg左右，四年生选留花芽100～150个，产量控制在1kg左右。

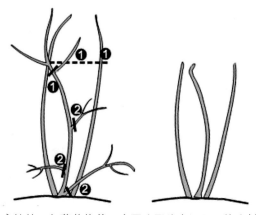

定植第一年蓝莓修剪示意图（图片来源于网络资料）
1.将一年生枝条短截到25cm左右的位置　2.疏除树体下部的短枝和弱枝

幼树修剪前　　　　　　　　　　　　　幼树修剪后

修剪前　　　　　　　　修剪后
高丛蓝莓二年生树的修剪示意图（引自 Paul Eck.Blueberry Science）

二年生'北陆'修剪前

二年生'北陆'修剪后

三至四年生'蓝丰'修剪前

三至四年生'蓝丰'修剪后

（二）成年树修剪

进入成年以后，植株树冠比较高大，内膛易郁蔽。此时修剪主要是控制树高，改善光照条件。修剪以疏枝为主，疏除过密枝、斜生枝、细弱枝、病虫枝以及根系产生的分蘖、老枝回缩更新。生长势较开张树疏枝时去弱枝留强枝，直立品种去中心干开天窗，并留中庸枝，三年生以上枝条遵循6疏1原则，从基部疏除。大的结果枝最佳的结果年龄为5～6年，超过此年限要回缩更新。弱小枝可采用抹花芽方法修剪，使其转壮。

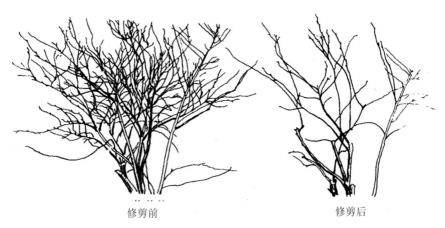

修剪前　　　　　　　　　　　　　　修剪后

高丛蓝莓结果树的修剪示意图
（引自 Cough，1994）

在蓝莓成年树修剪上，生产上存在两个最主要的不正确修剪方法：①套用其他果树修剪的方法，对生长中庸或稍强壮的一年生枝条不正确短截，这样修剪的后果是疏掉了中庸或强壮枝条上的大部分或所有高质量花芽，剪口下萌发很多细弱的新梢，枝条紊乱，特别是在同一个平面上短截尤其严重，最终引起营养供应分散和通风透光不良。②新梢不正确的摘心，特别是对所有生长中庸的新梢摘心，造成萌发很多细弱的枝条，不仅影响通风透光，而且分枝条上花芽分化严重不良，影响果实品质和产量。

冬季修剪对一年生枝短截是错误的方法

一年生枝短截后同一平面上枝条紊乱

同一枝条上多年多次短截引起的枝条紊乱

不正确短截引起的树形和树体紊乱

新梢摘心后萌发很多细弱的枝条　　　　　　不正确的新梢摘心

根据生产实践中的修剪经验，将北高丛蓝莓成年树修剪掌握的基本准则总结如下：

1. 保持枝条和树体的生长势。

2. 疏除所有病死枝、枯死枝、下垂枝条和下部斜生枝条。

3. 基部萌发的强壮基生枝条选留3～5个，细弱的（主要是秋季萌发的基生枝）全部疏除。

4. 每6个三年生以上枝条要疏除一个。

5. 成年树要有12～18个一、二、三、四、五年生枝条（从基部算起）。

6. 超过五年生以上枝条回缩到基部或者下部生长势较强的一、二年生枝条的位置。

（三）主要品种修剪特点

不同的品种对修剪的要求和修剪反应也不同，在修剪过程中要根据品种的特性制定具体的修剪措施和方案。北高丛品种中，主要栽培品种

'公爵'和'蓝丰'的修剪要点如下。

　　'公爵'品种树体开张，无论是新枝还是老枝条的基部和下部部分具有斜生生长习性。另外，该品种发枝能力较差，花芽形成也较少。因此，在修剪上采用"去斜留直"的原则。对于基部萌发的基生枝条和二至五年生枝上的一年生枝条在不影响通风透光的情况下尽可能选留，对于内膛影响透光的大枝，采用回缩的方法。

'公爵'品种具有老枝斜生、弯曲生长习性

'公爵'成年树修剪前

疏除内膛过密的老枝条

修剪后

　　'蓝丰'品种树体直立，成枝力较强，成年后容易树体郁闭，结果枝形成花芽能力比较强，成年树体可达1 500～2 000个花芽。修剪上采用"开天窗，去直留斜，疏花芽"的原则。对于内膛的老枝、直立影响通风透光的大枝条从基部疏除，原则是超过五年生以上的枝条从基部疏除，三四年生的大枝回缩到生长健壮枝条的位置，疏除下部斜生、细弱和下垂的枝条。一年生的健壮基生枝原则上全部选留，超过5个时选留健壮的3～5个，其他全部疏除。

'蓝丰'修剪前——内膛直立大枝

'蓝丰'修剪前——交叉、下垂和斜生枝

疏除内膛直立的大枝

疏除内膛的老枝条

疏除斜生的枝条

超过三年生回缩到生长健壮的位置

疏除内膛大枝上斜生的枝条

六年生树疏除了6个内膛老枝条

成年'蓝丰'修剪掉1/2的枝条量

修剪后的树体

（四）修剪留芽量测算

成年树修剪完后，保障整个树体300～400个健壮的花芽，既可以达到丰产的目标，又可以实现优质的目的。表6-1是'蓝丰'品种留芽量、结果枝条数量和产量与果实大小的关系，可以作为生产上修剪时参考。

表6-1　蓝丰品种留芽量测算

树龄	目标(kg/亩)	果实大小目标(g)	花朵数/花芽	花芽数/枝条	结果枝条/株
8	1 500	1.7	8	8	57
7	1 000	1.7	8	8	43
6	750	1.7	8	8	29
5	500	1.7	8	8	20
4	300	1.7	8	8	11
3	150	1.7	8	8	6
8	1 500	2.5	8	8	39
8	1 500	1.7	8	8	57
8	1 500	1.2	8	8	81

（本表格中的数据由杨伟强博士提供）

（五）大树移植后修剪方法

蓝莓栽培种为了达到早期结果的目的，生产上多采用大树移栽的方式，尤其是日光温室设施栽培。蓝莓大树移栽后根系缓根时间比较长，不正确修剪或修剪不够往往造成地上部枝条发育不良，生长衰弱，尤其是定植当年追求早期产量，修剪不到位，过多结果的后果是根系和树体发育不良，定植当年果实品质达不到市场的要求，而且对以后产量的提高造成影响。蓝莓大树移栽掌握的原则是：

（1）断根处理：于9月，沿树冠投影2/3位置环状进行断根，深度30cm。

（2）起苗时要注意保持根系的完整，特别是须根量要大，带土起苗后用编织袋将根系包扎严实。

（3）定植后修剪：有两种方式。①当年结果修剪：定植后选留一年生健壮基生枝2～3个，二至三年生的大结果枝2～3个，并回缩到具有健壮结果枝的位置，其余枝条全部疏除。产量控制在1kg/株即可。②当年不结果修剪：采用平茬的方式。定植后沿地表面将地上部枝条全部疏除，留桩高度不超过2cm，但注意不要过度平茬，过度平茬根茎部位的隐芽萌发枝条生长势较弱，而且数量少。

大树移栽修剪正确

大树移栽后选留2～3个健壮的结果枝，当年结果

定植后正确平茬修剪后的效果

大树移栽留桩过高（超过30cm）致使枝条发育不良

过度平茬引起的发枝少且生长势弱　　　留桩超过5cm也不利于新发枝条生长

（六）采后修剪

　　北方产区蓝莓设施生产栽培中，一般在12月中旬升温，升温后一直生长到第二年的秋季，由于生长期过长，树体生长过旺，枝条徒长或者是新梢3～4次生长，造成养分运输距离过长而引起严重的花芽分化不良。为了控制树体旺长，生产上应用采后修剪的方式，即在果实采收以后进行修剪。蓝莓设施栽培采后修剪对树体更新和花芽形成有重要作用，采后修剪时期对母枝萌发时间无影响，一般剪后7～10d萌发，但修剪时期不同决定夏剪次数，采后修剪时期越早，夏剪次数越多，结果枝总数越多。综合比较，6月上中旬进行采后修剪效果最佳，修剪时根据新梢生长情况采用中短截效果较好。采后修剪掌握的原则如下：

　　1. 修剪时间的确定　果实采收以后不要马上修剪，因为果实成熟消耗大量的养分，树体营养积累不够，修剪后新萌发枝条发育较差。一般是果实采收后15d左右修剪，使树体积累足够的养分。但在北方产区，最晚不能晚于6月底进行。

　　2. 修剪的原则　对二至五年生大枝条上生长健壮的新梢短截至2/3～1/2的位置，对于生长中庸的大枝回缩到生长健壮的新梢位置，再对新梢进行短截；对于生长衰弱的大枝直接短截到该枝龄的1/2处；对于生长健壮的基生枝短截到1/2～1/3处。其余枝条全部疏除。

　　3. 修剪后的管理　修剪后成年树施入15-15-15复合肥250g，配合施入有机肥5～10kg。如果修剪的时间比较早，对于采后修剪萌发的生长直立的新梢在6月底前摘心一次。

温室内的基生枝三次新梢生长

新梢摘心也很难控制其生长势

温室内树体没有修剪造成树体徒长

没有修剪的徒长基生枝

幼树温室生产结果后修剪状

成年树结果后修剪状

结果后修剪15d后剪口下萌芽

新梢修剪后发枝状

当年生新梢采后修剪萌发枝条状

二年生枝采后修剪萌发枝条状

三年生枝采后修剪萌发枝条效果

五年生大枝采后修剪萌发效果

采后修剪1年后效果

采后修剪2个月整个树体生长状

（七）老树更新

植株定植15 ~ 25年后，地上部衰老。此时可全树更新，即紧贴地面用圆盘锯将其全部锯掉，一般不留桩，若留桩时则控制在2cm以下。如果留桩过高，新梢生长不但较弱，而且在同一平面上短截时新梢数量过多，造成树形和树体紊乱，不利于通风透光和树形改造。全树更新后从基部萌发新枝，更新当年不结果，但第三年产量可比未更新树提高5倍。

我国在蓝莓的生产实践中，大树平茬方法在生产上几乎没有应用，实际上在早期种植的蓝莓园中，由于管理不善或土壤改良不到位等因素，树体老化现象很严重。因此，采用平茬实现树体的更新复壮是保障树体经济寿命和提高产量和品质的一个重要手段。在新西兰，平茬方式每7年一次，可以实现三年后产量提高一倍的效果。

兔眼蓝莓的修剪与高丛蓝莓基本相同，但要注意控制树高。

沿地面平茬不留桩，从基部萌发大量健壮基生枝

平茬留桩过高

四、矮丛蓝莓修剪

矮丛蓝莓的修剪原则是维持壮树、壮枝结果，主要有平茬和烧剪两种。

（一）烧剪

即在休眠期将植株地上部全部烧掉，使地下茎萌发新枝，当年形成花芽，第二年结果，以后每2年烧剪1次，这样可以始终维持壮树结果。烧剪后当年没有产量，但第二年产量比未烧剪的产量可提高1倍，而且果个大、品质好。另外烧剪之后新梢分枝少，适宜于采收器采收和机械采收，提高采收效率，还可消灭杂草、病虫害等。

矮丛蓝莓烧剪
（图片来自于David Yarborough）

烧剪后新梢萌发
（来自于David Yarborough）

烧剪宜在早春萌芽前进行。烧剪时田间可撒秸秆、树叶、稻草等助燃，国外常用油或气烧剪。

烧剪时需注意两个问题：①要防止火灾，在林区栽培蓝莓时不宜采用此法；②将一个果园划分为2片，每年烧1片，保证每年都有产量。

（二）平茬修剪

平茬修剪是从基部将地上部全部锯掉，原理同烧剪。关键是留桩高度，留桩高对生长结果不利，所以平茬时应紧贴地面进行。平茬修剪后地上部留在果园内，可起到土壤覆盖作用，而且腐烂分解后可提高土壤有机质含量，改善土壤结构，有利于根系和根状茎生长。

平茬修剪的关键是要有合适的工具。国外使用平茬机械平茬，我国生产的背负式割灌机具有体积小、重量轻、操作简便、效率高等特点，很适合用于矮丛蓝莓的平茬修剪。平茬修剪时间为早春萌芽前。

机械平茬修剪
（来自于David Yarborough）

平茬后当年新梢生长
（来自于David Yarborough）

平茬后枝条粉碎还田
（来自于David Yarborough）

平茬修剪后新梢生长全园效果

总结与建议：

在蓝莓各个产区和生产园，修剪一直是一个主要的问题，错误的追求早期结果和产量，导致过量结果、树势衰弱、品质下降，尤其导致丰产期后不能达到预期的产量与品质。

不修剪、不会修剪、不敢修剪也是生产中的一个主要问题。不修剪是错误地认为蓝莓是灌木，不需要修剪，其结果是导致树冠郁闭、结果部位外移、通风透光不好、平面结果。不会修剪是将其他果树上使用的修剪方法或措施在蓝莓上使用，如新梢摘心、一年生枝条短截等。不敢修剪是不知如何下手，不知该修剪哪个枝条。在指导生产实践过程中，笔者经常讲的一句话是"心要狠，手要重，维持壮树、壮枝和壮芽结果"。事实上，不同品种、不同产区和不同栽培措施，蓝莓的修剪方法是不同的，生产管理者要根据自己蓝莓园区的特点特性从实践中总结出一套适合的修剪方案与经验来（笔者寄语）。

第七章

土肥水管理技术

一、土壤管理

蓝莓根系分布较浅，而且纤细，没有根毛，因此要求土壤疏松、多孔、通气良好。土壤管理的主要目标是创造适宜根系发育的良好土壤条件。

1. 清耕　在沙土上栽培高丛蓝莓采用清耕法进行土壤管理。清耕可有效控制杂草与树体之间的养分竞争，促进树体发育，尤其是在幼树期，清耕尤为必要。清耕的深度以5～10cm为宜。蓝莓根系分布较浅，过分深耕不仅没有必要，而且还易造成根系伤害。清耕的时间从早春到8月都可进行，入秋后不宜清耕，对蓝莓越冬不利。

土壤清耕

蓝莓根系分布浅

2. 台田　地势低洼、积水、排水不良的土壤（如草甸、沼泽地、水湿地）栽培蓝莓时需要修台田。台面通气状况得到改善，而台沟则用于积水，这样既可以保证土壤水分供应又可避免积水造成根系发育不良。但是，台面耕作、除草无法机械操作，需人工完成。

台田栽培

台沟积水

3. 生草法　生草法在蓝莓栽培中也有应用，主要是行间生草，行内用除草剂控制杂草。生草法可获得与清耕法一样的产量。

自然生草

刈草覆盖

行间生草

行间生草行内锯末覆盖

与清耕法相比，生草法具有明显保持土壤湿度的功能，适用于干旱土壤和黏重土壤。采用生草法，杂草每年腐烂积累于地表，形成一层覆盖物。生草法的另一个优点是利于果园工作和机械行走，缺点是不利于控制蓝莓僵果病。

4. 土壤覆盖　蓝莓种植要求酸性土壤和较低的地势，当土壤干旱、pH高、有机质含量不足时，必须采取措施调节上层土壤的水分、pH等。除了向土壤掺入有机物外，生产上广泛应用的是土壤覆盖技术。土壤覆盖的主要功能是增加土壤有机质含量、改善土壤结构、调节土壤温度、保持土壤湿度、降低土壤pH、控制杂草等。矮丛蓝莓土壤覆盖5～10cm厚的锯末，在3年内产量可提高30%、单果重增加。土壤覆盖可以明显提高蓝莓树体的抗寒能力，在东北地区蓝莓栽培中具有重要意义。

土壤覆盖物应用最多的是锯末，尤以容易腐解的软木锯末为佳。用腐解好的烂锯末比未腐解的新锯末效果好且发挥效力迅速，腐解的锯末可以很快降低土壤pH。土壤覆盖如果结合土壤改良掺入草炭效果会更加明显。

锯末覆盖

玉米秸秆覆盖

树皮覆盖

蒲草覆盖

苔藓覆盖

松针覆盖

稻壳覆盖

稻草覆盖

　　覆盖锯末在苗木定植后即可进行，将锯末均匀覆盖在床面，宽度1m、厚度10～15cm，以后每年再覆盖2.5cm厚以保持原有厚度。如果应用未腐解的新锯末，需增施50%的氮肥。已腐解好的锯末，氮肥用量应减少。

　　除了锯末之外，树皮或烂树皮作土壤覆盖物可获得与锯末同样的效果。其他有机物如树叶也可作土壤覆盖物，但效果不如锯末。农作物的秸秆覆盖也可以起到一定的作用，以玉米秸秆效果最好。

　　5. 覆地膜　　地面覆盖黑色塑料膜可以防止土壤水分蒸发、提高地温、促进缓苗、防止杂草生长、具有抗旱保墒等效果，实践经验证明，覆盖地膜后，在同等干旱的情况下，相比不覆盖地膜处的抗旱时间将会延长1周左右，而且在覆盖地膜的地表一般会保持整地前的状态且土壤含水量较高。如果覆盖锯末与黑地膜同时进行效果会更好。但如果覆盖黑地膜时同时施肥，会引起树体灼伤。所以在生产上首先施用完全肥料，待肥料经过2年分解后，再覆盖黑塑料膜。

黑地膜覆盖

白地膜覆盖

地膜采用1.2～1.4m宽幅的黑色塑料膜，但不可完全将地膜接近苗根部，以免烤根现象发生，需要在覆盖地膜时将根部与地膜接触处放少量干土，其他部分铺紧压实，紧密重合，用土覆盖后压实，行间的地膜采用人工扶土或小机器上土压实的方法，铺好地膜后，行间距的空白处剩余40cm左右，用于作业用，并采用药剂喷施的方法控制杂草。

应用黑塑料膜覆盖的缺点是不能施肥，灌水不便，而且每隔2～3年需重新覆盖并清除田间碎片。所以黑塑料膜覆盖最好是在有滴灌设施的果园应用，尤其适用于幼年果园。

6.园艺地布覆盖　园艺地布覆盖和地膜覆盖相比有很多优点：除了能够提高地温、保持土壤水分和有效控制杂草以外，由于其透气良好，有利于根系的发育，可以避免由于地膜覆盖地温过高引起的根系伤害。园艺地布可以使用3～5年，也可以节省劳动力。从控制杂草角度来看，比地膜覆盖效果要好得多。尽管投入费用相对来讲比较高，但一次性投入，3～5年收益，比人工除草和地膜覆盖节省了大量劳动力，整体计算比人工除草节省资金，在劳动力越来越短缺的时代，具有应用价值。

覆盖配滴灌系统

地布覆盖

二、施　　肥

1. **蓝莓需肥特点**　从整个树体营养水平分析，蓝莓为寡营养植物，与其他果树相比，体内N、P、K、Ca、Mg含量低。由于蓝莓根系分布较浅，而且纤细，没有根毛，所以施肥不当极易引起根系与树体的伤害。蓝莓的另一特点是喜铵态氮果树，对土壤中的铵态氮比硝态氮有较强的吸收能力。蓝莓对氯很敏感，极易引起过量中毒，因此选择肥料种类时不要选用含氯的肥料，如氯化铵、氯化钾等。

2. **蓝莓种植适宜肥料种类**

（1）化肥与有机肥相比，蓝莓更适合营养齐全、微生物丰富、盐分低的有机肥。如发酵鸡粪、猪粪、牛粪、各种饼肥、骨粉等有机肥。

（2）蓝莓种植适宜的化学肥料主要有：硫酸铵、磷酸二铵、硫酸钾、过磷酸钙、重过磷酸钙、各种微量元素肥料等。

碳酸氢铵（碱性）、硝酸铵（硝态氮）、氯化铵（含氯）、尿素、氯化钾（含氯）等不适合蓝莓种植。

化肥种类多，蓝莓对不同种类化肥的反应因土壤类型及肥力高低相差很大。

氮肥：施肥试验表明，随着氮肥施入量增加，产量有下降趋势，果个变小，果实成熟期延迟，而且越冬抽条严重。因此应因土科学合理施用氮肥。

磷肥：长白山区的非农田土壤往往缺磷，增施磷肥增产效果显著。但当土壤中磷素含量较高时（前茬旱田），增施磷肥不但不能增加蓝莓产量反而延迟果实成熟。

钾肥：钾肥对蓝莓增产效果显著，而且提早成熟，提高品质，增强抗逆性。但过量不但无增产作用反而使果实变小，越冬受害严重，并且导致缺镁症发生。在大多数土壤类型上，蓝莓适宜施钾量为硫酸钾40kg/hm^2。

3. **施肥量**　蓝莓过量施肥极易造成树体伤害甚至整株死亡。因此，施肥量的确定要慎重，要视土壤肥力及树体营养状况而定。对不同蓝莓产区、不同品种，应根据多年生产试验及研究结果，通过叶片分析技术和土壤分析技术，制定出蓝莓施肥指标体系，科学用于生产，从而避免习惯施肥与盲目施肥。

蓝莓施肥的氮、磷、钾比例大多数趋向于1∶1∶1。有机质含量较高的土壤氮肥用量应减少，可采用1∶2∶3或1∶3∶4的比例。而矿质土壤中磷、钾含量高，氮（N）、磷（P_2O_5）、钾（K_2O）比例以1∶1∶1为宜，或者采用2∶1∶1。

施肥罐按比例混匀

4. **施肥方式及时期**　高丛蓝莓可采用沟施，深度以10～15cm为宜。矮丛蓝莓成园后连成片，以撒施为主。土壤施肥时期一般是在早春萌芽前进行，可分2次施入，在浆果转熟期再施1次。

5. **施肥依据**

(1)测土施肥　为了避免施肥过量，应对土壤进行肥力测定，根据测定结果确定施肥量。一般在蓝莓定植时测定一次土壤肥力，以后每3～5年测定1次。美国已将土壤测试分析法应用于蓝莓生产。

(2)叶片营养诊断

①常见的营养缺素症

A. 缺铁失绿症：是蓝莓常见的一种营养失调症。其主要症状是叶脉间失绿，严重时叶脉也失绿，新梢上部叶片症状较重。引起缺铁失绿的主要原因有土壤pH过高、石灰性土壤、有机质含量不足等。最有效的方法是施用硫酸亚铁、酸性肥料硫酸铵，若结合土壤改良掺入酸性草炭则效果更好。叶面喷施0.1%～0.3%螯合铁效果较好。

B. 缺镁症：浆果成熟期叶缘和叶脉间失绿，主要出现在生长迅速的新梢老叶上，以后失绿部位变黄，最后呈红色。缺镁症可对土壤施氧化镁或硫酸镁来矫治。

C. 缺硼症：其症状是芽非正常开绽，萌发后几周顶芽枯萎，变暗棕色，最后顶端枯死。引起缺硼症的主要原因是土壤水分不足。充分灌水，叶面喷施0.3%～0.5%硼砂溶液即可矫治。

②各种元素缺乏和过多的矫治　叶分析法是果园施肥管理中最为准确的技术。蓝莓叶分析标准值列于表7-1。将分析数据与标准值进行比较，可以较科学地确定施肥种类及施肥量。

配方液体施肥控制系统

氮：缺氮时按每增加叶片中N含量0.1％增施纯N 10%计算施氮量。如果土壤pH高于5.0，用硫酸铵；如果土壤pH低于5.0，则改用尿素。不可施用含氯氮肥或硝酸铵。

氮含量过高时按每降低叶片氮含量0.1%减少施纯N 10%计算。

磷：低磷时可以在一年内任何时间施用45%的磷肥201 kg/hm²。磷含量高于正常值则不施磷肥。

钾：低钾时在秋季或早春施用硫酸镁钾430 kg/hm²或硫酸钾180 kg/hm²。钾含量过高或含量虽正常，但K/Mg高于4.0则不施钾肥。

钙：低钙时如果土壤pH低于4.0施用石灰，如果土壤pH高于4.0则在秋季或早春施用硫酸钙1 120 kg/hm²。钙高于正常值可参照土壤测试降低土壤pH至5.5以下。

镁：缺镁时如果土壤pH低于4.0增施石灰；如果土壤pH高于4.0则施入硫酸镁280 kg/hm²；如果镁含量在正常范围，但K/Mg比高于5.0，则增施氧化镁90 kg/hm²，改善钾和镁的平衡。镁高于正常值可参照土壤测试降低土壤pH至5.5以下。

锰：缺锰时在生长季节叶面喷施2次螯合锰，用量为6.7 kg/hm²，对水55 L。锰高于正常值参照土壤测试调节土壤pH至5.5以下。

铁：缺铁时在夏季和下一年开花后叶面喷施螯合铁6.7 kg/hm²，兑水55 L，检查施用效果，并根据情况加以纠正。如果土壤pH在正常范围（4.0～4.5），但低铁状况仍持续几年，则土施螯合铁28 kg/hm²或硫酸亚铁17 kg/hm²。

铜：缺铜时在开花后和果实采收后叶面喷施螯合铜2.24 kg/hm²，兑水55 L。

硼：低硼可在晚夏和下一年初花期叶面喷施硼酸1.7 kg/hm²，兑水55 L。如果低硼持续几年而土壤pH在正常范围（4.5～5.0），则土壤表面施用硼酸5.6 kg/hm²。

锌：低锌可在花后、采收前和晚夏叶面喷施螯合锌或硫酸锌2.24 kg/hm²，兑水55 L。如果低锌连续持续几年则土壤施用硫酸锌11.2 kg/hm²。

表7-1　蓝莓矿质元素缺乏症及其矫治

元素	缺乏时元素水平（干重）	缺乏时主要症状	施肥矫治措施
N	1.5 %	新梢生长量减少，叶片变小、黄化，白绿色老叶首先表现症状	施氮肥67.3kg/hm²，分2次施入，如果土壤覆盖或灌水较重，再增施50%
P	0.1 %	生长量降低，叶片小且暗绿，老叶首先表现症状，出现紫红色	土壤施P$_2$O$_5$，56 kg/hm²
K	0.4 %	叶片杯状卷起，叶缘焦枯，老叶首先表现症状	土壤施K$_2$O，45 kg/hm²
Mg	0.2 %	叶脉间失绿，伴有黄色或红色色斑，老叶首先表现症状	土壤施MgO，22.4 kg/hm²
Ca	0.3 %	幼叶叶缘失绿，出现黄绿色斑块	根据土壤pH施用石灰10～40 t/hm²
S	0.05 %	幼叶叶脉明显黄化，老叶片呈黄绿色	土壤施入（NH$_4$）$_2$SO$_4$
Cl	中毒水平>0.5 %	中毒症状为新梢中部叶片的中上部叶表为咖啡棕色，基部叶片尖部变黄	不要施用含Cl的肥料，如NH$_4$Cl、KCl
Fe	60 mg/kg	幼叶叶脉间失绿、黄化，叶脉间保持绿色	降低土壤pH，叶面喷施螯合铁2.24 kg/hm²，加水220 L

（续）

元素	缺乏时 元素水平 （干重）	缺乏时主要症状	施肥矫治措施
Mn	20 mg/kg	幼叶叶脉间失绿，但叶脉及叶脉附近呈带状绿色	将土壤pH调至5.2以下，叶面喷施螯合锰1.12 kg/ hm²，加水220 L
Zn	10 mg/kg	叶片变小，节间缩短，幼叶失绿，并沿叶片中脉向上卷起	将土壤pH调至5.2以下，叶面喷施螯合锌1.12 kg/ hm²，加水220 L
B	10 mg/kg	新梢顶端枯死，幼叶小且蓝绿色并常呈船状卷曲	充分灌水，叶面喷施硼砂溶液
Cu	10 mg/kg	症状与缺Mn相似，但有时新梢顶端枯死	保持土壤排水良好，将土壤pH降至5.2以下

引自Paul Eck，1988，Blueberry Science.

（3）蓝莓施肥量　由于各地的土壤类型、肥力状况和气候条件以及管理水平的差异，蓝莓施肥量需要根据具体的情况来进行调节，表7-2是美国蓝莓生产中的施肥标准，供生产者参考使用。

表7-2　不同树龄蓝莓施肥量

树龄	施N量(g/株)	施P量(g/株)	施K量(g/株)
1	10	1	3
2	10	2	4
3	20	4	10
4	25	5	13
5	32	7	16
6	40	10	20
7	45	12	23
8	50	14	25

注：本表格由美国俄勒冈州立大学杨伟强博士提供，表中的施肥量指的是纯N、P和K的用量，生产中使用时需要根据元素的含量计算出肥料的用量；树龄指的是定植后的年龄。

三、水分管理

（一）灌水的时间及判断方法

必须在植株出现萎蔫以前进行灌水。不同的土壤类型对水分要求不同，沙土持水力差，易干旱，需经常检查并灌水；有机质含量高的土壤持水力强，灌水可适当减少，但黑色的腐殖土有时看起来似乎是湿润的，实际上已经干旱，易引起判断失误，需要特别注意。

蓝莓园是否需要灌水可根据经验判断，用铲取一定深度土样，放入手中挤压，如果土壤出水证明水分合适，如果挤压不出水，则说明已经干旱；取样的土壤中的土球如果挤压容易破碎，说明已经干旱。根据生长季内每月的降水量与蓝莓生长所需降水也可作出粗略判断，当降水量较正常降水量低2.5 ~ 5 mm时，即可能引起蓝莓干旱，需要灌水。

蓝莓主产区或野生分布区主要位于具有地下栖留水的有机质上。这样的土壤地下水位必须达到足够的高度以使上层有机质层有足够的土壤湿度。要达到既能在雨季排水良好又能满足上层土壤湿度，土壤的栖留水水位应在45 ~ 60cm。在蓝莓果园中心地带应设置一个永久性的观测井，用以监视土壤水位。

比较准确的方法是测定土壤含水量或土壤湿度，也可测定土壤电导率或电阻进行判断。

（二）水源和水质

比较理想的水源是地表池塘水或水库水。深井水往往pH过高，而且Na^+和Ca^{2+}含量高，长期使用会影响蓝莓生长和产量。

（三）灌水方式

1. 喷灌　固定或移动的喷灌系统是蓝莓园常用灌溉设备。喷灌的特点是可以预防或减轻霜害。在新建果园中，新植苗木尚未发育，吸收能力差，最适采用喷灌方法。在美国蓝莓大面积产区，常采用高压喷枪进行喷灌。

喷　灌

喷灌系统喷头

矮丛蓝莓喷灌

立架喷灌

2. 滴灌和微喷灌　滴灌和微喷灌方法近年来应用越来越多。这两种灌水方式投资中等，但供水时间长、水分利用率高。水分直接供给每一树体，流失、蒸发少，供水均匀一致，而且一经开通可在生长季长期供应。滴灌和微喷灌所需的机械动力小，适应于小面积栽培或庭院栽培使用。与其他方法相比，滴灌和微喷灌能更好地保持土壤湿度，不致出现干旱或水分供应过量情况，因此与其他灌水方法相比产量及单果重明显提高。

滴管最好采用双管滴管，设置在株丛的两侧，这样可以避免由于水分不均匀造成的偏根。另外，滴灌管要架起来，离开地面或设置到树体的上方，以避免人工除草等活动或田间小动物如老鼠等对滴管设备的破坏。

架离地面的双管滴管

单管滴管

地膜覆盖滴管

高架滴管

　　利用滴灌和微喷灌时需注意两个问题：①滴头或喷头应在树体两侧都有，确保整个根系都能获得水分，如果只在一面滴水则会使树冠及根系发育两侧不一致，从而影响产量。②水需净化处理，避免堵塞。

四、除　草

　　蓝莓园除草是果园管理中的重要环节，除草果园比不除草果园产量可提高1倍以上。人工除草费用高，土壤耕作又容易伤害根系和树体，因此，化学除草在蓝莓栽培中广泛应用。尤其是矮丛蓝莓，果园形成后由于根状茎窜生行走，整个果园连成一片，无法进行人工除草，必须使用除草剂。

　　但蓝莓园中应用化学除草剂有许多问题，一是土壤中含量过高的有机质可以钝化除草剂；二是过分湿润的土壤除草剂使用的时间不能确定；三是台田栽培时，台田沟及台面应用除草剂很难控制均匀。尽管如此，在蓝莓园应用除草剂已较成功。

矮丛蓝莓化学除草

　　除草剂的使用应尽可能均匀一致，可以采用人工喷施和机械喷施。喷施时压低喷头喷于地面，尽量避免喷到树体上。迄今为止，尚无一种对蓝莓无害的有效除草剂。因此，除草剂的使用要规范，新型除草剂要经过试验后方能大面积应用。

第八章
果园其他管理

一、越冬防寒

　　由于我国为典型的大陆季风性气候类型，冬季空气湿度小，而且风大、持续低温等因素，在我国北方，蓝莓越冬抽条是生产中普遍存在的主要问题，由于抽条造成地上部全部干枯，减产或绝产。整个东北地区除非及其特殊的小气候条件，越冬时几乎全部抽条，在胶东半岛地区特殊的年份也存在越冬严重抽条的风险，如2010—2011年冬季，由于干旱少雨，造成胶东半岛蓝莓严重的越冬抽条，80%的蓝莓种植园产量严重降低甚至绝产。因此，有效的越冬保护是北方蓝莓种植中提高产量的重要措施。

枝干冻害　　　　　　　枝干冻害　　　　　　　抽　条

　　1. 人工堆雪防寒　　在东北地区的长白山和大小兴安岭地区，冬季雪大，可以利用这一天然优势进行人工堆雪，以确保树体安全越冬。与

【136】

其他方法如盖树叶、稻草相比，堆雪防寒具有取材方便、省工省时、费用少等特点，而且堆雪后可以保持树体水分充足，使蓝莓产量比不防寒的大大提高，与盖树叶、稻草相比产量也明显提高。

防寒的效果与堆雪深度密切相关，并非堆雪越深产量越高。因此，人工堆雪防寒时厚度应该适当，一般以覆盖树体的2/3为佳。

2. 埋土防寒　埋土防寒是我国东北地区葡萄、树莓等越冬防寒的普遍方法，这种方法可以有效地保护树体越冬，但蓝莓的枝条比较硬，容易折断，因此，在防寒时先在树丛基部垫上枕头土，然后再将株丛压倒埋土。埋土防寒主要掌握的原则是：当气温连续5℃以下时，开始埋土，切忌埋土过早，以免捂芽。埋土的厚度达到将枝条全部覆盖即可，埋土后注意检查，如有裸露枝条，及时补充埋土。

先把株丛压倒然后埋土

人工用土把株丛全部埋上

3. 冷棚栽培　采用冷棚栽培可以提早结果20d左右，不仅可以增加经济效益，而且可以达到越冬防寒的目的。因此，在我国胶东半岛和辽东半岛成为目前蓝莓栽培的一种主要方式。冷棚栽培时，不需埋土防寒即可安全越冬。但利用冷棚越冬时需注意两个问题。①塑料薄膜将冷棚封严后，要整体覆盖遮阳网、防寒被或草帘，其目的是防止冬季棚内温度剧变引起枝条和空气湿度过小引起的抽条。②在秋季和早春注意控制棚内温度，防止温度过高，当棚内温度超过10℃时，注意放风降温。东北地区除了辽东半岛和辽南地区之外，其他地区采用冷棚越冬防寒时由于冬季温度过低，采用遮阳网方式效果极差，要使用防寒被或草帘才能确保安全越冬。

冷棚栽培的蓝莓

新型几字钢大棚

冷棚生产园

东北寒冷地区冷棚越冬草帘覆盖

4. 其他防寒方法　树体越冬时覆盖园艺地布、无纺布、草帘、塑料地膜、麻袋片、稻草编织袋等都可起到越冬保护的作用。但覆盖塑料地膜时一定要用黑色地膜，如果用透明塑料布，需要覆盖一层遮阳网或草帘等，主要是防止温度变化引起的枝条伤害。但这种方法在东北产区不宜使用。

二、预防霜害

早春的晚霜危害：霜害是威胁蓝莓生产最严重的一种自然灾害，可以造成30%以上的产量损失，而且影响果实质量。做好防霜工作是保证产量的关键环节。蓝莓受霜害威胁最严重的是花芽、花和幼果。霜害不至于造成花芽死亡，但会影响花芽内各器官发育，如雌蕊，可造成坐果不良，果实发育受阻。

霜害引起的蓝莓花受害

花期霜害引起的果实伤害

　　预防霜害生产上用得最多的是喷灌，即在树体上方设置喷灌系统，根据天气预报，霜害发生时整个果园喷灌，尤其以雾状喷灌效果较好。另外，果园熏烟也可以起到防霜的效果。

果园防霜喷灌系统

结合灌溉系统的防霜喷灌

三、鼠害及鸟害的预防

　　树体越冬时，有时易遭受鼠害，尤其是土壤覆盖秸秆、稻草时，更易遭受鼠害，如田鼠啃树皮，使树体受伤害甚至死亡。因此，入冬前田间应撒鼠药，根据鼠害发生的程度与频度来确定田间鼠药施用量。蓝莓成熟时果实蓝紫色，对一些鸟特别有吸引力，常常招鸟食果。据调查，鸟害可造成10%～15%的产量损失。比较简易的预防方法是在田间立稻草人和果园放鹰。如果栽培面积较小，如庭院栽培，可将整个果园用

尼龙网罩起来。美国蓝莓生产园中设置电子发声器，定时发出鸟临死前的惨叫声，可吓跑鸟群。彩色气球和彩色布带等也可用于蓝莓园防鸟。

防鸟网

防鸟彩色气球

防鸟炮

遭鸟害的果实

防鸟炮

超声波防鸟

蓝莓园使用的防鸟鹰

蓝莓园设置的假鹰

四、昆虫辅助授粉及生长调节剂的应用

1. **昆虫辅助授粉** 蓝莓花器的结构特点使其靠风传播花粉比较困难，授粉主要靠昆虫来完成。为蓝莓授粉的昆虫主要有蜜蜂和大黄蜂。有些品种的花冠深，蜜蜂不能采粉，主要依靠大黄蜂授粉。在授粉期应尽可能避免使用杀虫剂。有条件的果园可以进行人工放蜂，蓝莓园花期放蜂不仅可以提高坐果率和产量，还可以增大果个、提高品质和提早成熟。如果使用蜜蜂，副产品"蓝莓蜂蜜"可以增加蓝莓园的收入。

蓝莓园放置的熊蜂

蓝莓园放置的蜜蜂箱

授粉的熊蜂　　　　　　　　　　授粉的蜜蜂

2. 生长调节剂的应用　开花期应用赤霉素和生长素都有促进坐果的作用，在蓝莓上应用比较成功的是赤霉素。在盛花期喷施 20 mg/L 的赤霉素溶液，可提高蓝莓坐果率，并产生无种子的果实，果实成熟期也提前。在美国已生产出蓝莓专用赤霉素药剂。

五、遮　阴

与其他果树相比，蓝莓的光饱和点较低，强光对蓝莓生长和结果有抑制作用。我国北方地区为大陆性气候，每年春夏季节的晴天光照强烈，蓝莓叶片易发生枯萎，甚至焦枯。因此，在地势开阔、光照较强的地区，宜采用遮阴的方式栽培。

遮阳网一般设在树行的正上方，另外一种是设在行间的正上方（使树体接受更多的光照）。设置遮阳网的作用主要有：① 延迟成熟。这是遮阳网（开花期设置）最重要的一项作用，一般可使果实成熟期延迟7d以上，尤其对于晚熟品种来讲，可延长鲜果供应期。② 分散成熟。遮

晴天展开　　　　　　　　　　　　　阴天收起

阳网可使果实成熟过程延缓，同一树体和果穗上的果实成熟分散，有利于分期分批采收。③ 增强树体生长势，增大果个，增加果实硬度，提高果实的耐贮运能力。④ 具有防霜功能。

一、矮丛蓝莓采收

矮丛蓝莓果实成熟比较一致，先成熟的果实一般不脱落，可以等果实全部成熟时再采收。在我国长白山地区，果实成熟的时间为7月中下旬。

矮丛蓝莓果实较小，人工手采比较困难，使用最多而且快捷方便的是梳齿状人工采收器。采收器宽一般为20～40cm、齿长25cm，一般40个梳齿。使用时，沿地面插入

采收器

人工采收

株丛，然后向前方上捋起，将果实采下。果实采收后，清除枝叶或石块等杂物，装入容器。为了提高工作效率，采收时在园内用线打成长方条，宽2～3m。每一个采收人沿线采收一条。这种方法很适合我国目前的国情，值得推广。

人工采收场景

沿长方条线采收

采收容器
（来自于David Yarborough）

采后果实
（来自于David Yarborough）

　　美国、加拿大矮丛蓝莓采收常使用机械，采收机械也是一个大型梳齿状采收器装备摇动装置，采收时上下、左右摆动，将果实采下，然后用传送带将果实运输到清选器中。

大型采收机
（来自于David Yarborough）

小型采收机
（来自于David Yarborough）

采收过程
（来自于David Yarborough）

采后果实
（来自于David Yarborough）

采收后的果实传送到容器中

采收后的果实冷藏车运输

二、高丛蓝莓采收

　　1.人工采收　　同一树种、同一树、同一果穗成熟期不一致，一般采收持续3～4周，所以采收要分批采收，一般每隔1周采果1次。果实作为生食鲜销时，采用人工手采方法。采收后放入塑料食品盒中，再放入浅盘中，运到市场销售，应尽量避免挤压、暴晒、风吹雨淋等。一般一名成年劳动力每天采收40kg。人工手采时，可以根据果实大小、成熟度直接采收分级，然后市场鲜销。

人工采果

人工采收使用的分隔采收盘

果实采收后的运输

准备向工厂运输的果实

防止暴晒

简易的防晒工具

　　美国在兔眼蓝莓和高丛蓝莓采收中，为节省劳力，使用手持电动采收机。采收机重约2.5kg，由电动振动装置和4个伸出的采收齿组成，干电池带动。工作时，在树下可移动式果实接受器置于树下，将采收机的4个采收齿深入树丛，夹住结果枝启动电源振动约3s。使用这一采收机需3人配合，使其工作效率相当于人工采收的2～3倍。在上市前需要进行分级，包装处理。

　　果实要适时采收，不能过早。过早采收时果实小，风味差，影响果实品质。但也不能过晚，尤其是鲜果远销，过晚采收会降低耐贮运性能。蓝莓果实成熟时正是盛夏，注意不要在雨中或雨后马上采收，以免造成霉烂。另外在采收的时间上也需要注意：一般上午10:30至下午3:30停止采收，以避免强光和果实温度过高造成的贮藏性下降。我国长江流域蓝莓果实成熟期为梅雨季节，对鲜果采收和销售极为不利，建议采用避雨栽培的方式。另外，果实采收时使用的容器，应为分隔式的浅盘，以避免果实挤压。田间采收时，采收盘用遮阳网遮盖，可以有效避免阳光对果实的伤害。

　　2.机械采收　　由于劳动力资源缺乏，机械采收在蓝莓生产中越来越受到重视。机械采收的主要原理是振动落果。一台包括振动器、果实接收器及传送带装置的大型机械采收器1h可采收0.5hm^{2}以上，相当于160个人的工作量。从而大大降低成本。但机械采收存在几个问题，一是产量损失，据估计，机械采收大约比人工采收损失30%的产量，二是机械采收的果实必须经过分级包装程序，三是前期投资较大。在我国以农户小面积分散经营时不宜采用，但大面积、集约式栽培时应考虑采用机械化采收。

大型采收机械

采收机械

果实传输

机械采收产量损失

三、果实采收后处理

1.高丛蓝莓采收、果实分级　果实采收后根据其成熟度、大小等进行分级。根据密度分级是最常用的方法。一种方式是用气流分离。蓝莓果实通过气流时，小枝、叶片、灰尘等密度小的物体被吹走而成熟果实及密度较大的物体留下来进行再分级。果实采收后，经过初级机械分级后仍含有石块、叶片以及未成熟、挤伤、压伤的果实，需要进一步分级。进一步的分级一般由人工完成。

机械分选果实

筛孔大小配备

另一种方式是采用水流分级。水流分级效果较好，但缺点是果粉损失影响外观品质。

2.包装　近年来无毒塑料盒广泛用于蓝莓鲜果内包装。内包装一般以125g／盒比较适宜。可采用机械包装和人工包装，主要步骤包括装盒、人工检测、装箱、贴标和封箱。外包装一般有封闭式和敞开式两种。包装后的鲜果即可外运销售。

无毒塑料盒

蓝莓果实小包装

人工称重装盒

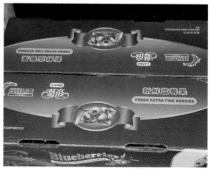

封闭式外包装盒

　　大型农场或果实量大时，普遍采用机械选果和包装。主要流程是：果实采收后在0～1℃条件下快速预冷，国外采用的是隧道式预冷，在24min内可以使果实温度降到0℃，然后贮藏到0～1℃冷藏库中，在冷库中通过机械完成选果、分级、包装、贴标和贮藏程序。

准备分级的果实

隧道预冷

待处理的鲜果低温贮藏

人工投料

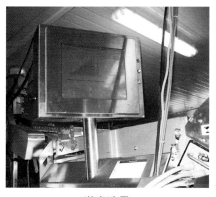

激光选果

人工挑选杂质和机械分级

通过机械果实分为三级

自动称重装盒

人工检测果实质量

自动贴标

人工装箱

装箱和贴标完毕

蓝莓敞开式外包装

低温贮存保鲜

四、果实贮存

1.低温贮存 蓝莓鲜果需要保存在10℃以下低温贮存，即使在运输过程中也要保持10℃以下温度。但是果实从田间温度降至10℃以下低温必须经过预冷过程，去除田间果实热量，才能有效防止腐烂。预冷的方式主要有真空冷却、冷水冷却、冷风冷却。

（1）真空冷却 真空冷却是果实通过表面水分蒸发散热冷却的方式。这种方式冷却速度快，20～30min即可完成。

（2）冷水冷却 用冷水浸渍或用喷淋冷水方式。这种方法与冷空气冷却相比较效率高、速度快，但易造成果实腐败。

（3）冷风冷却 即用冷冻机制造冷风冷却果实的方式。采用这种方式冷却果实利用价值高。分为强制冷却和差压冷却，强制冷却即向预冷库内强制通入冷风，但有外包装箱时冷却速度较慢，为了尽快达到热交换，可在外包装上打孔；差压冷却在预冷库内所有外包装箱两侧打孔，采用强制冷风将冷空气导入箱内，达到迅速冷却的目的。

盒装蓝莓冷库贮存

箱装蓝莓冷库贮存

鲜果冷藏保鲜

冷藏运输

2.气调贮藏　　帐式气调贮藏方式已经成为北美和南美蓝莓保鲜和远途运输的一种主要方式。采用气调贮藏的方式，可以使蓝莓鲜果保鲜达到9周以上。主要技术参数：

预冷：果实采收后尽快送到冷温库，在 0 ~ 1℃ 条件下强制快速预冷。

贮藏：在0℃贮藏库中帐式贮藏。

充气：CO_2充气，建立 10% CO_2 环境。

检测：检测帐内气体环境，需要时调节 CO_2 浓度。

气调贮藏条件：温度0℃和相对湿度95%。

帐式气调前准备

封 闭

CO_2 压缩罐

气调中央控制枢纽

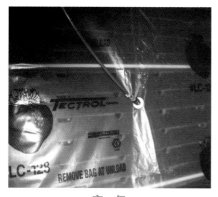

充 气

充气后贮藏

出库前封闭包装

冷链运输

3.冷冻保存 果实采收分级包装后，可速冻贮存，加工成速冻果。速冻果可以有效控制腐烂，延长贮存期，但生食风味略偏酸。

蓝莓冷冻果

蓝莓速冻果

加工冷冻果是浆果类果实利用的一个趋势，黑莓、树莓、草莓等均可加工冷冻果，但以上三类浆果冷冻时容易出现变色、破裂等现象，而蓝莓果实冷冻后则无此现象。相对草莓、树莓等果实，蓝莓果实质地较硬，适合冷冻果加工，可以以冷冻果供应鲜果市场。

冷冻的温度要求－20℃以下，10kg或13.5kg一袋（聚乙烯袋装），装箱。运输过程中也要求冷冻。

蓝莓果实清洗
（来自于 David Yarborough）

冷冻果加工
（来自于 David Yarborough）

附录1　1 000亩高丛蓝莓标准化示范园建设规划方案
（以胶东半岛和辽东半岛为例）

1.品种设计　公爵（早熟）、北陆、蓝丰（中熟）、雷戈西（胶东半岛晚熟品种）、达柔、晚蓝和埃利奥特（辽东半岛使用的晚熟品种）。

2.园区设计

主路：宽6m，允许大型运输工具通过。

支路：宽3m，允许农用机械和运输工具通过。

作业路：宽1.5～2m，允许工作人员和小型的人力工具通过。

小区设计：根据地形，50～100亩为一个小区。原则是：平坦地块小区面积大些，地形变化较大地块小区面积小一些。

3.排水沟　沿着主路和支路两侧挖排水沟，沟深1m、宽1m。

4.灌溉设施　水源：在园区的适当位置修建蓄水500～1 000m³的水塘。

蓄水池：在园区选地理位置合理，处于小区最高点，根据地貌情况修建3～5个100m³的蓄水池，可以达到自流灌溉的效果。

5.整地　清除杂草、树木，土地深翻后，清除草根、树根和石头，旋耕平整。平地部分台田，台面地宽100cm，顶宽80cm，高40cm。如果是丘陵和山地，台田20cm即可或不台田。

6.行距设计　南北行向，株行距1m×2.5m。山地栽培时，行向与等高线平行走向。

7.土壤改良

穴改：挖40cm×40cm×40cm定植穴，定植穴挖出的土加入1/3比例的草炭等（每个定植穴至少保障一袋草炭土，最好2袋草炭土），每个定植穴再加入50～100g硫黄粉和有机肥拌匀，回填。

沟改：机械挖沟，60cm宽，40cm深。按每株施入草炭土2～3袋铺于行间，每延长1m撒入硫黄粉100～200g，用旋耕机往返旋耕3遍，混匀，回填。如果采用沟改时要考虑与整地台田结合进行，提高效率。开沟机开沟定植是目前效率最高、最省钱和节省人力的一种方式，和人工相比不但缓解劳力短缺的问题，而且节省资金，改土均匀一致，效果理想，建议使用。

注意：硫黄粉的使用量是按照土壤和草炭土pH5.5～6的水平计算，生产中需要根据土壤pH和使用的草炭土pH来精确计算。开沟不宜过深，开沟过深时耕作层以下的生土翻耕到土壤表层，不利于蓝莓生长，而且，开沟过深，行间土层过厚，不利于机械旋耕。

8.定植　定植的时期：秋季9月15日至11月15日，春季3月15日至5月15日都可定植，原则是宜早不宜晚，提倡秋季定植。秋季定植后正是根系生长高峰时期，有利于根系发育，但秋季定植后注意越冬前埋土防寒。注意事项：定植浇水后不能露根，但也不能埋干（老百姓说的"下窖"），另外，一定把根团破开以后定植。

9.配置授粉树　2个品种可互相授粉。苗木数量相同时采用4：4方式，即每隔4行定植另外一个品种。苗木数量不同时采用1：4方式，即每4行主栽品种定植1行授粉品种。

10.覆膜　定植完后，浇水，地膜、园艺地布覆盖和有机物料覆盖。

11.水分管理　采用滴灌：干旱时保障每3d滴灌一次。每株每次保障4～8L水。

12.定植后的管理

第一年：

（1）修剪　定植后选留1～3个生长健壮的枝条，老枝条、弱枝条全部疏除。

（2）施肥　萌芽前每株施氮（N）肥10g，坐果后施入复合肥10g，秋季施入复合肥10g。

（3）灌水　采用滴灌方式，在没有充分降雨的情况下每株每天要保障2～4L水。

（4）行间可以间作花生等矮棵作物。

（5）除草　人工除草、地膜覆盖、园艺地布覆盖，在没有十分把握的情况下，严禁使用除草剂。

第二年到第五年：

（1）停止间作。

（2）除草、施肥、灌水、修剪、采收，果实销售。

（3）施肥、灌水和修剪方案根据树体生长情况，每年秋季制定方案。

13.花果管理和产量管理原则

定植后第一年：不挂果，如有花芽则去掉。

第二年：0.5kg/株。

第三年：1 ～ 2kg/株。

第四年：3 ～ 5kg/株。

第五年以后：维持3 ～ 5kg/株，如果花芽过多，则适量疏除。

附录2 北方蓝莓园作业历

时期	作业项目	技术要点
4月中下旬	撤防寒土	北方埋土防寒地区春季树体芽鳞片开始松动时撤土，并将株丛扶正。平整栽植畦和行间
	修剪	高丛和半高丛幼树期修剪，以去花芽为主，疏除弱小枝条，扩大树冠，增加枝量。成年树修剪，控制树高，改善光照条件，以疏枝为主，疏除衰老枝、过密枝、细弱枝、病虫枝以及根蘖；树姿开张品种疏枝时去弱留强，直立品种去中心干、开天窗、留中等枝；对超过5～6年生的结果枝及时回缩更新 矮丛蓝莓树体结果2～4年后可采用火剪或平茬修剪
	病虫防治	根据园内病虫危害情况，树体喷0.5%尿素防治僵果病，土壤喷50%辛硫磷乳油防金龟子
	灌水、施肥	萌芽前结合灌水，施一次硫酸铵等铵态氮肥，高丛蓝莓和兔眼蓝莓可采用沟施，深度以10～15cm为宜。矮丛蓝莓成园后连成片，以撒施为主
5月上	地面覆盖	不需防寒地区，每隔2～3年增加株丛有机覆盖物5～7cm。埋土防寒地区撤防寒土、修剪后可用黑地膜等进行地面覆盖
	防晚霜	可用熏烟法、喷水法防晚霜
	病虫防治	开花前喷50%速克灵1 500倍液或50%代森铵1 000倍液防灰霉病，喷20%嗪胺灵预防僵果病
5月中	中耕除草	根据杂草情况，酌情提前或延后
	追肥	根据缺素症，可进行叶面喷肥，防止缺铁、镁、硼等现象发生，常用叶面肥料：螯合铁0.1%～0.3%，硼砂0.3%～0.5%，硫酸镁0.1%～0.2%
	灌水	根据土壤pH，可在灌水时用硫酸将pH调至4.5左右再灌。但应间隔3次灌水灌1次酸水
	病虫防治	根据病虫发生情况，喷布灭幼脲3号、吡虫啉等防治蚜虫，对天幕毛虫和舟行毛虫可进行人工捕捉或喷布50%杀螟松乳油1 000倍液或50%辛硫磷乳油1 500倍液
5月下旬	中耕除草	根据蓝莓园杂草情况可进行化学除草，喷施时，压低喷头，喷于地面，尽量避免喷到树体上。除单子叶植物的除草剂精稳杀得、精禾草克是比较安全的
	病虫防治	防治蓝莓根癌病，发现病株彻底挖除，然后用10%～20%的农用链霉素、1%的波尔多液进行土壤消毒。药剂防治，用0.2%硫酸铜、0.2%～0.5%农用链霉素等灌根，每10～15d灌1次，连续2～3次
	灌水	根据土壤干旱情况确定灌水时间和灌水量

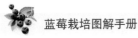

（续）

时期	作业项目	技术要点
6月上至6月下	中耕除草	清耕的蓝莓园保持常年无杂草，除草方法同上
	第二次追肥	浆果转色期进行土壤追肥，同上
	病虫防治	从春季花芽绽放到秋季落叶，根据植株病害情况，及时清除和销毁有溃疡的枝条，施用克菌丹控制枝枯病。施用杀虫剂控制蚜虫预防花叶病
	灌水	浆果转色期控制灌水，根据园内土壤情况酌情灌水
7月上至7月下	中耕除草	同前
	防鸟害	利用防鸟网等预防鸟害
	采收	早熟及加工品种采收
8月上至8月下	采收	分批采收成熟果实
	病虫防治	采后喷苯菌灵等杀菌剂防治叶斑病；喷吡虫啉、阿维菌素等杀虫剂防治蚜虫
	灌水	干旱要适当灌水
	喷肥	叶面喷施0.3%的磷酸二氢钾，促进枝条成熟，贮存营养
9月上至11月中	果园清扫	清扫果园落叶、病叶、病枝、落果，集中烧毁
	秋施基肥	每年或隔年施用有机肥一次，植株两侧轮流沟施
	灌封冻水	防寒前7～10d，灌1次封冻水
	埋土防寒	土壤封冻前埋土

附录3 蓝莓组培微繁育苗标准作业规程

制定单位：安图旺民长富农业开发有限公司、吉林农业大学

关键词：蓝莓；组培育苗

蓝莓组培微繁育苗标准作业规程（Standard Operation Procedure，SOP），就是将蓝莓组培微繁育苗的标准操作步骤和要求以统一的格式描述出来，用来指导和规范日常的工作。它是经过不断实践总结出来的在当前条件下可以实现的最优化的操作程序设计，即尽可能地将相关操作步骤进行细化、量化和优化。

组培微繁育苗生产是以植物组织培养为核心技术，通过培养基配制、外植体接种、继代增殖获得大量微型的组培瓶苗，瓶苗经过田间驯化生根和抚育成苗的过程。通过组培繁育的苗木具有根系发达、不带病毒、生长势强、分枝较多、整齐一致、商品率高等特点。

1 培养基配制

1.1 培养基母液配制

1.1.1 **称量药品和溶解** 按照生产中确定的配方准确称量所需药品及用量，按照常规操作方法溶解定容。配制后的母液保持在 $0 \sim 4℃$ 和避光条件下。称量药品时，应事先在药品清单上计算出应该称量的药品种类和重量。

1.1.2 **母液配制量** 配制的母液以一周为一个周期，一般情况下母液应在一周内用完。采用改良WPM培养基配方。

2 培养基配制

2.1 **培养瓶洗涤** 化纤纺织物蘸95%乙醇擦掉瓶壁和瓶盖上字迹 → 清水浸泡倒掉残余物 → 中性洗涤液清洗 $1 \sim 2min$ → 流水冲洗 $4 \sim 5$ 遍（$1 \sim 2min$）→ 空干备用。

2.2 培养基配制 自动灌装机（50L）中注水至规定体积 → 加入琼脂粉（数量依据制作培养基的体积和季节，冬季适当减少，夏季适当增加）→ 加入绵白糖（数量根据培养基配方的要求）→ 启动机器搅拌30min以上 → 准确量取各母液用量（按生产中确定的配方）倒入灌装机中搅拌10min → 调整pH至5.8 → 培养瓶（330ml）注入培养基40ml（夏季）至50ml（冬季）→ 封盖（拧紧）→ 灭菌。

2.3 培养基灭菌 向锅内注水（去离子水）至刻度线 → 打开开关加热 → 设定自动控制高压灭菌锅参数（121.5℃，20min）→ 装锅 → 拧紧锅盖 → 打开放气阀 → 锅内温度达到规定值时（或热蒸汽排出时）→ 关闭放气阀继续升温 → 自动断电后，待内部压力降低至常压后开锅 → 取出培养基（瓶盖变松的需要再次拧紧）平放在塑料中转箱中冷却 → 存放在培养室或预备室内备用 → 3d后检查，无污染的方可使用。

3 外植体接种

3.1 外植体采集 在温室等保护地设施或露地，在新梢长到5～15cm长时剪下，用干净器具存放（保持新鲜状态，防止失水萎蔫），立即带回组培室接种。要保证品种纯正。并不是每个生产循环都需要采集外植体进行接种。

3.2 外植体预处理 在实验室内，用适量中性洗涤液浸洗10min → 流水冲洗20min → 在接种室进行表面消毒。

3.3 外植体表面消毒和接种 在超净工作台上用12.5%（V/V）84消毒液处理5min → 无菌水冲洗5次，最后一遍无菌水倒掉 → 剪成2～3cm长带芽茎段 → 接种到事前制作的培养基中，每瓶接1个茎段。

3.4 检查与继代 发现有污染的外植体及时取出弃掉，或按3.3方法重新处理 → 待新芽长出1cm左右剪下，继续培养在新的培养基中增殖。连续培养直到可以用于大量生产。

4 组培苗继代增殖与管理

4.1 继代周期 50～60d继代一次。

4.2 继代外植体 剪1.0～1.5cm长新生茎段，基部衰老部分不用。插入培养基深度为茎段长度的1/2。

4.3 扦插密度 每瓶25～30段（330ml瓶，根据品种生长势差异）。

4.4 培养瓶摆放 根据品种对温度和光照强度差异，合理摆放。

5 接种室环境条件要求

5.1 地面 每日工作结束后吸尘、拖地，保持清洁。

5.2 空气环境 甲醛熏蒸每个月1次。

5.3 超净工作台 每日工作前，用75%乙醇喷雾。

5.4 空气湿度 空气湿度高于45%时用除湿机降低湿度。

6 培养室环境条件要求

6.1 地面 每周进行一次清洁。

6.2 空气环境 甲醛熏蒸每个月1次。

6.3 温度 在23～28℃之间。采用空调自动控制。

6.4 空气湿度 空气湿度高于45%时用除湿机降低湿度。

6.5 光照强度 采用日光灯管，保持2 000lx左右，灯管老化或坏掉的，需及时更换。

6.6 光照时间 16h光照/8h黑暗，根据环境温度控制要求，采用电子计时器可以分段控制光照时间。

7 组培苗出瓶

7.1 瓶苗质量 高度5～7cm，1/2以上长度已经半木质化，颜色正常。

7.2 剪苗 在普通室内，打开瓶盖，一次取出全部瓶苗，剪掉基部愈伤组织和培养基，去掉弱小苗后放入塑料容器内，顺序摆放，喷清水，容器放满后，封闭容器，保湿。

7.3 存放与运输 容器内的苗避免强光直射和高温。保持温度低于25℃，严格保湿。剪苗数量要与扦插进度相适宜，不能积压过多，剪苗到扦插时间间隔不超过12h。

7.4 品种标记 每个容器标明品种名称。每个品种剪苗结束后，彻底清理台面，严禁品种混杂。

8 田间扦插与管理

8.1 苗床准备 在温室（或塑料大棚）内地面上铺5cm厚炉渣（或河沙），用钢筋（或竹片）搭建小拱棚，高60～80cm，床面宽160cm，拱棚外面覆盖白色塑料膜。

8.2 扦插基质准备 扦插基质采用新鲜苔藓，撕碎（或用机器粉碎），喷清水让苔藓吸足水分（如湿苔藓则不必喷水），装入100孔的塑料育苗穴盘，使穴盘孔填满。集中存放备用。通常在扦插前1～2个月准备。

8.3 扦插 喷水保持扦插基质湿润，取剪下的组培苗，向苗基部喷生根剂（NAA浓度1 000mg/L），用镊子夹住苗底端，顺向垂直插入基质中，深度1.5cm。扦插满的穴盘立即搬入苗床拱棚内，喷水保湿。塑料拱棚四周压严。

8.4 水分管理 扦插后2～3周内，每天向苗床上喷水1次，保持小拱棚内空气相对湿度在95%以上。苗床基质含水量适中，不易过高。扦插苗生根、新梢开始生长以后，逐渐降低小拱棚内湿度，直至完全撤掉塑料膜。撤掉塑料膜后要控制好浇水，以见干见湿为原则。采用微喷灌溉。

8.5 温度管理 温度控制在15～25℃有利于生根和生长。中午高温时，通过通风、打开喷灌喷水，或增加遮阳网等进行降温。早春夜间温度低时，温室或大棚外覆盖保温材料。

8.6 光照管理 扦插育苗前期（3个月左右）进行半遮阳，在温室或大棚外采用50%～70%遮阳网一层。育苗后期可进行全光照，撤掉遮阳网。

8.7 施肥 采用喷施叶面肥。从扦插后第15d开始每周一次。用含有多种元素的专用叶面肥。秋季新梢停止生长前20d停止使用。浓度0.1%～0.4%。在早上9时之前或下午3时后喷施，避开高温时间。

8.8 病虫害防治 扦插后每隔7d喷一次，药品为多菌灵或百菌清等广谱性杀菌剂。停止时间与肥料相同。可与肥料同时喷施。发现虫害时及时喷药。

9 穴盘苗分装与贮存

9.1 分苗 秋季穴盘苗新梢停止后至越冬前，按照苗木高度分成合格苗（≥7cm）和不合格苗（<7cm）两个等级，并分到不同的穴盘中

（或包装袋内）。

9.2　贮存　有两种方法：①苗在穴盘中直接摆放在一起越冬；②将合格苗装入编织袋内堆放越冬。地点选择在地下窖内，或者覆盖保温被的温室内。保持苗木不失水和环境温度比较低（0℃以下）。按品种存放，防止混杂。

附录 4　蓝莓基地生产经济效益分析

每亩蓝蓝莓种植第一期投入预算

项目	物料及支出事项	种植面积	苗木数量	定植一年成本 单株成本	定植一年成本 总费用	定植二年成本 单株成本	定植二年成本 总费用	定植三年成本 单株成本	定植三年成本 总费用	备注
工资	基地主管工资 (1)	1	280	0.57	160.00	1.00	160.00	1.00	160.00	
工资	基地管理员工资 (2)	1	280	0.71	200.00	1.00	200.00	1.00	200.00	
工资	基地片管工资 (50亩/人)	1	280	0.69	192.00	1.00	192.00	1.00	192.00	
工资	基地看护人员工资	1	280	0.09	25.20	0.09	25.20	0.09	25.20	
工资	基地厨师工资	1	280	0.06	16.80	0.06	16.80	0.06	16.80	
基础设施	基地管理房	1	280	1	280.00	0	—	0	—	
基础设施	管理房内部配套设施费	1	280	0.2	56.00	0	—	0	—	
基础设施	灌溉系统首部设施费	1	280	1	280.00	0	—	0	—	
租金	土地租金	1	280	800	800.00	800	800.00	800	800.00	800元/亩
工具	手扶拖拉机 (1)	1	280	0.18	50.40	0	—	0	—	
工具	其他	1	280	0.01	2.80	0	—	0	—	
定植	耕地起垄	1	280	50	50.00	0	—	0	—	50元/亩
定植	挖坑回填	1	280	0.5	140.00	0	—	0	—	
定植	草炭	1	280	2	560.00	0	—	0	—	
定植	草炭卸车及运输费用	1	280	0.05	14.00	0	—	0	—	

（续）

项目	物料及支出事项	种植面积	苗木数量	定植一年成本 单株成本	定植一年成本 总费用	定植二年成本 单株成本	定植二年成本 总费用	定植三年成本 单株成本	定植三年成本 总费用	备注
定植	硫黄粉	1	280	0.05	14.00	0	—	0	—	1200元/吨
	锯末	1	280	0.03	8.40	0	—	0	—	240元/吨
	滴灌系统材料费	1	280	1.3	500.00	0	—	0	—	500元/亩
	管道铺设费用	1	280	0.1	30.00	0	—	0	—	30元/亩
	人工起垄费用	1	280	0.15	42.00	0	—	0	—	
	苗木	1	280	6	1 680.00	0	—	0	—	
	苗木运输费用	1	280	0.1	28.00	0	—	0	—	
	苗木定植	1	280	0.04	11.20	0	—	0	—	
	滴头安装	1	280	0.04	11.20	0	—	0	—	
	浇水人工费	1	280	0.03	8.40	0	—	0	—	
	苗木整理人工费	1	280	0.01	2.80	0	—	0	—	
除草	黑膜	1	280	0.2	56.00	0.2	56.00	0.2	56.00	
	铺设黑膜人工费	1	280	0.09	25.20	0.09	25.20	0.09	25.20	
	除草人工费	1	280	1.5	420.00	1.5	420.00	1.5	420.00	
病虫害防治	农药	1	280	0.1	28.00	0.1	28.00	0.1	28.00	
	浇药人工费	1	280	0.08	22.40	0.08	22.40	0.08	22.40	
	施肥人工费	1	280	0.1	28.00	0.15	42.00	0.15	42.00	
	杀虫灯及安装费用（25亩/盏）	1	280	0.1	28.00	0	—	0	—	

（续）

项目	物料及支出事项	种植面积	苗木数量	定植一年成本 单株成本	定植一年成本 总费用	定植二年成本 单株成本	定植二年成本 总费用	定植三年成本 单株成本	定植三年成本 总费用	备注
防冻	苗木防冻人工费	1	280	0.05	14.00	0	—	0	—	
修剪	苗木修剪人工费	1	280	0.05	14.00	0.1	28.00	0.2	56.00	
电、油费	电费	1	280	0.2	56.00	0.2	56.00	0.2	56.00	
电、油费	柴油	1	280	0.1	28.00	0.05	14.00	0.05	14.00	
采果	采果人工费	1	280	0	—	0	—	1.2	336.00	按照标准园区300亩配置，投入18.48万元，每亩分摊616元。
采果	采果其他费用	1	280	0	—	0	—	1	280.00	
肥料	肥料	1	280	0.147	41.16	0.8	224.00	1.25	350.00	
围墙	护栏网	1	280	0.5	140.00	0	—	0	—	
合计					6 063.96		2 309.60		3 079.60	

预算说明：本预算以300亩标准园区配置作为参数。

1. 工资部分：基地主管工资4000元/月＊1人＊12月/300亩=160元/亩

基地管理员工资2500元/月＊2人＊12月/300亩=200元/亩

基地片管工资800元/月＊1人/50亩=192元/亩

基地看护人员工资630元/月＊1人＊12月/300亩=25.2元/亩

基地厨师工资420元/月＊1人＊12月/300亩=16.8元/亩

2. 基础设施部分：基地管理房、管理房内部配套设施费。按照标准园区300亩配置内部配套设施费、灌溉系统首部设施费。

3. 工具部分：拖拉机配置标准园区300亩配置1.6万元，每亩分配53元。

4. 其他项目均按照每亩定植苗木280株单株投入计算。

每亩投资收益分析

	第一年	第二年	第三年	第四年	第五年	第六年	第七年	第八年	合计
产果（kg）	0	0	200	500	800	1 000	1 000	1 000	4 500
收购单价		0	30	28.5	27	25.5	24.5	23	158.5
收入（RMB）	0	0	6 000	14 250	21 600	25 500	24 500	23 000	114 850
投入	6 064	2 300	3 044	4 000	5 000	5 000	5 000	5 000	35 408
采摘费	0	0	400	1 000	1 600	1 700	1 700	1 700	8 100
费用合计	6 064	2 300	3 444	5 000	6 600	6 700	6 700	6 700	43 508
收益	− 6 064	− 2 300	2 556	9 250	15 000	18 800	17 800	16 300	71 342
现金流	− 6 064	− 8 364	− 5 808	3 442	18 442	37 242	55 042	7 1342	165 274

1. 地头收购单价，并根据市场波动每年按5%递减计算。按30元/kg预算。

2. 由于蓝莓鲜、冻果价格目前均参照国际市场价格，所以根据国际市场价格上涨或下浮，30元仅作为参考价格。